實用又帥氣！

男孩風
手作布包

拿著蕾絲或小花圖案的包包，覺得有點害羞……

在抱持這樣想法的女性族群中，現今最受喜愛的手作物品就是

「具男性風格」的布製包包。

利用外形簡約，圖案也不會太過甜美的素材

所製作出的帥氣包包或小袋子，

不僅可以輕鬆搭配各種穿著，

而且男女皆適用也是令人著迷之處！

大家不妨也來做做看吧！

加分配件
裝飾釦（Concho）

印地安風格的設計非常適合搭配
丹寧布。Concho在西班牙語中
的意思是「貝殼」。

材質・材料提供／日本紐釦貿易

DENIM
attractive fabric
Mens-like bags and items

加分配件
皮革材質

在加分配件中，皮革材質如同主
角一般令人難以忽視。若不車縫
布邊，會給人更粗獷的印象。

材質提供／NESSHOME

wild and pop
LOGO DESIGN
A FINE COLLECTION
Mens-like bags and items

丹寧布料

說到正統男性風格，非丹寧布莫屬。
淺色看起來輕快，
深色則具有傳統風情。
愈用愈有味道，也是丹寧布的特色。

標誌印刷

宛如美國流行招牌或海報的
標誌印刷圖案。
只要改變文字的樣式或尺寸，
就能改變整體氛圍！

製作男性風格包款的
4項重點

托特包製作／神村綾子　HOW TO MAKE：P.36

鉚釘與雞眼釦

不只具有實用性，當成裝飾品使用也能帶出滿滿的男性風格，是很重要的配件。

模板字體

使用像軍用品的豪邁數字或英文字體，就可以瞬間營造出硬派的氛圍。

金屬配件

包包必備的D形環或水滴形鉤環。素雅的骨董風格可塑造出穩重的男人味。

材質提供／銀河工房

材質提供／Lecien

VIVID COLOR
colorful designs
Mens-like bags and items

KHAKI AND CAMOUFLAGE SO COOL!
MENS-LIKE BAGS AND ITEMS

鮮明的色彩

以常見於戶外運動用品等的彩色帆布為首，
就算是格子或條紋這些常見的花紋，
只要選用很帶勁的顏色，
轉眼間就會變成男性風格！

卡其色＆迷彩花紋

「軍用品」的粗獷味道，
是真正的男性風格。
加上些許色彩增添特色，
是製作時的聰明小訣竅。

以簡約設計帶出「男性風格」的包包，
透過布料或顏色圖案的選擇，就能改變印象。
重點就是這裡列舉出的4個項目。
即使是外形相同的托特包，也可以像這樣做成不同風格。
雞眼釦或粗獷的模板字體等等，也是效果很好的加分配件。
只要巧妙地組合運用，就能更加提升男性風格喔！

標誌印刷

丹寧布料

卡其色＆迷彩花紋

皮革材質

Leather materials

鮮明的色彩

VIVID COLOR
colorful designs
Mens-like bags and items

HOW TO MAKE
p.35

wild and pop
LOGO DESIGN
A FINE COLLECTION
★ ★ ★
Mens-like bags and items

可以很豪邁也可以很時尚的圖案！
標誌印刷

01

可掛在腰上的外形很有男性風格
彈片口金包

運用在戶外運動用品等常見的「登山鉤環」，就能立刻讓這個小包包具有男性風格。即使是活潑的標誌印刷圖案，也可以藉由海軍藍×咖啡色轉變為些許成熟的款式。非常適合丹寧風，有畫龍點睛的功用。

（製作／長谷川久美子）

成品尺寸：約長17×寬12.5cm，側襠寬約1.5cm
HOW TO MAKE：P.43
實物大紙型A面

掛在
皮帶環上

1背面有做皮帶環，也可穿過皮帶當成腰包。
2本體袋口用的是彈片口金，壓一下就能打開。這個尺寸用起來很方便，除了手帕或面紙，連智慧型手機也可以輕鬆放入。3斜掛在腰上的模樣，看起來很有休閒感。

側邊也有口袋

1 光是外側就有4個口袋,很具機能性。後面的大口袋可以放地圖或記事本等物品。**2** 用格子布做成的側邊口袋,很適合用來插筆。

02
充滿口袋,機能性強
方形肩背包

在B5長方形這種男性風格的包包上,利用標誌印刷圖案、土耳其藍以及格子布增添色彩變化,形成絕妙的多層次布料搭配。背帶選用尼龍質地的帶子,更增添一層男人味。　　　　　（製作／長谷川久美子）

成品尺寸:
約長26×寬19cm,側襠寬約7cm

HOW TO MAKE:P.44
實物大紙型A面

wild and pop
LOGO DESIGN
A FINE COLLECTION
★ ★ ★
Mens-like bags and items

用簡單的小技巧畫上原創圖案

單肩背包

掛在肩膀上的外形與這麼寬大的尺寸，以單肩背包來說很新鮮！圖案竟是用油性筆直接畫上去的。「細細的英文字之類的圖，與其用模板印刷，這種方式更方便又簡單」。偶爾露出的黑色裡布，更為包包增添鮮明的印象。　　　　　　　　　　　　　（製作／神村綾子）

成品尺寸：
（不含提把）約長39×寬50cm
HOW TO MAKE：P.46
實物大紙型A面

將長提把穿過短提把再背在肩上，是很獨特的設計。背面附有口袋。

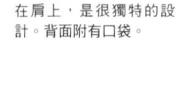

尺寸很大！

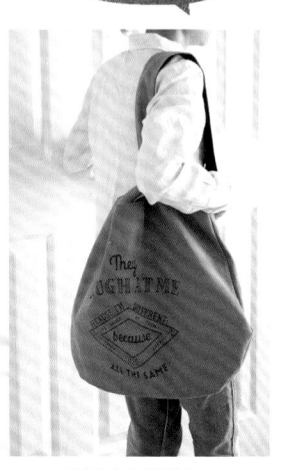

將提把背上肩膀之後，袋口剛好會在手肘附近。隨興的感覺很帥氣！

布料提供／清原

10

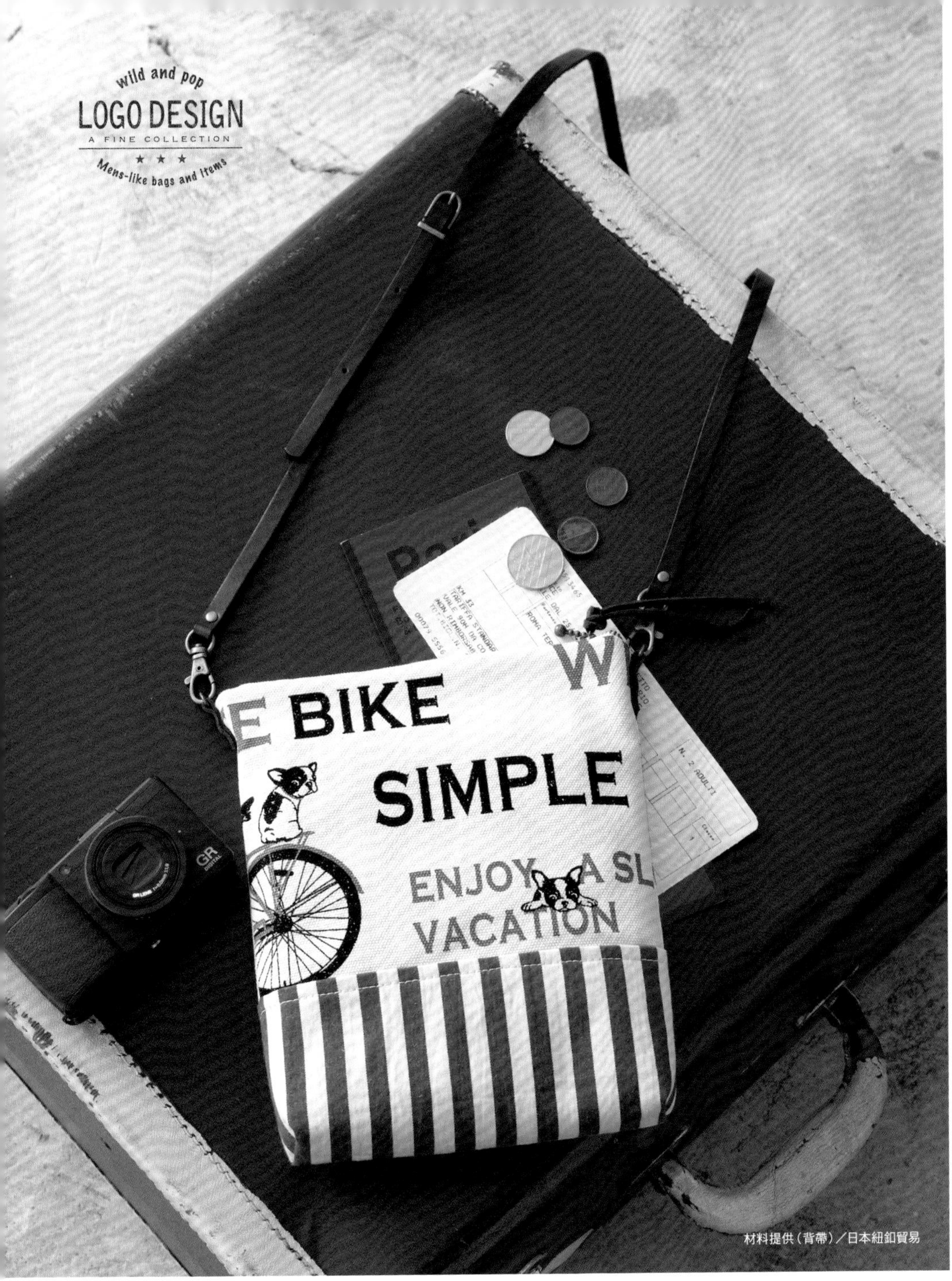

wild and pop
LOGO DESIGN
A FINE COLLECTION
★ ★ ★
Mens-like bags and items

材料提供（背帶）／日本紐釦貿易

用真皮
提升質感

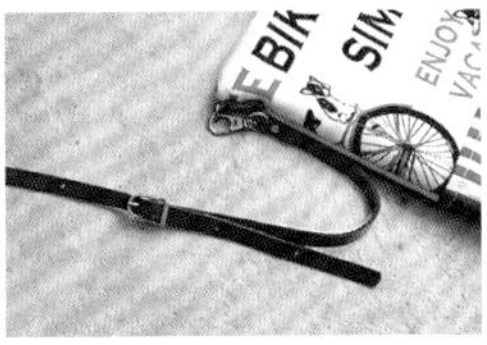

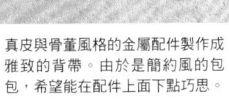

真皮與骨董風格的金屬配件製作成
雅致的背帶。由於是簡約風的包
包，希望能在配件上面下點巧思。

成品尺寸：
約長23.5×寬17.5cm，側襠寬約4cm
HOW TO MAKE：P.45

04
時髦的薄型包包
方形小背袋

像小背袋這種小配件，圖案的呈現方式會改變
包包的印象，因此在裁布的時候會思考煩惱各
方面的問題，這也是製作時的樂趣之一。這個
以黑色肩背帶表現時尚感的小背袋，很適合做
為旅行時的備用包。 （製作／宮崎AKO）

wild and pop
LOGO DESIGN
A FINE COLLECTION
★ ★ ★
Mens-like bags and items

內側
也有口袋

內側是和丹寧布很搭的
條紋布。內側口袋用橫
向布紋,增添動感。

大小尺寸恰到好處,即
使斜背也很OK。側襠
很寬,就算裝了一堆東
西,外觀看起來依然俐
落。

05

使用綠色也是不錯的點子
兩用肩背包

很醒目的標誌印刷圖案與丹寧布的組合,使包
包充滿活力!底布使用綠色合成皮,也強調出
男性風格。包包前方的印花布料部分,用提把
隔成3個口袋,也非常好用♪

(製作/荻原留美)

成品尺寸:
約長31×橫21cm,側襠寬約14cm

How to make:P.40

wild and pop
LOGO DESIGN
A FINE COLLECTION
★ ★ ★
Mens-like bags and items

縮短背帶，就會像
單肩後背包

1

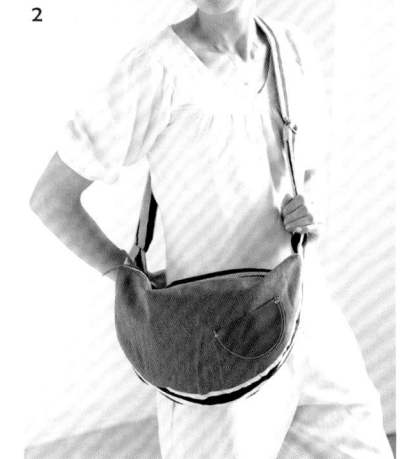

2

1把背帶縮短，就會像適合
背在背後的單肩後背包。2
也可以把背帶放長，變成斜
背。包包背面使用丹寧布製
作，背面的亮點在於與包包
形狀相同的皮革口袋。

06

雙色對比的時尚

月亮隨行包

搭配同色系的條紋布料，突顯出簡單的印刷文
字的存在感。半月形包包取物方便，寬側襠也
增加了收納容量。只要依照個人喜好調整背帶
的長度，就可以玩味各種不同的背法。
（製作／宮崎AKO）

成品尺寸：
約長20×寬36cm，側襠寬約10cm

HOW TO MAKE：P.47

實物大紙型A面

DENIM
attractive fabric
Mens-like bags and items

愈用愈有味道
丹寧布料

裝飾線
很有效果！

材料提供（裝飾線）／日本紐釦貿易

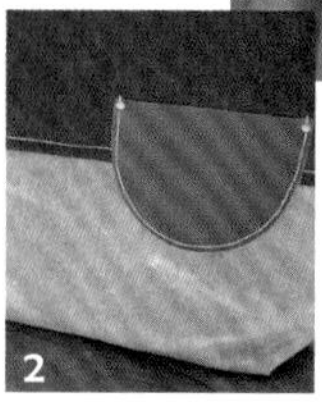

2

1

1 背面縫上後背包的背帶。布耳和托特包的提把等部位，也要統一使用皮革材質。2 不車布邊的口袋，很有粗獷的氣氛。重點是裝飾線的針腳要稍微寬一些。

成品尺寸：
約長34×寬35cm，側襠寬約8cm
HOW TO MAKE：P.48
實物大紙型A面

皮革口袋是重點
雙色丹寧布
托特包＆後背包

07

使用靛藍色的丹寧布，與水洗後會呈現不同風貌的淺色丹寧布。簡單又有層次，樸素的裝飾線適度地為包包增添特點。學生包似的樸實外形，也非常適合丹寧布。

（製作／宮崎AKO）

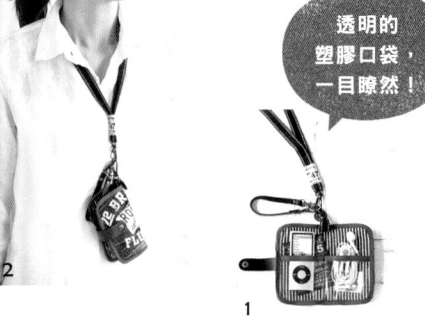

透明的
塑膠口袋，
一目瞭然！

1為了不拿出來也能操作，內部口袋用的是透明塑膠材質。**2**長帶子可以掛在脖子上，短帶子可以掛在包包上，還可以用水滴形鉤環掛在皮帶上。

08

利用牛仔褲上的印花圖案
附掛頸帶的置物套夾

運用小孩牛仔褲上的文字印花部分改做而成，是具有技巧性的作品。這個外觀會讓人想到記事本型的手機套，使用它就能簡潔地收納iPod和耳機！

（製作／安川宮子）

成品尺寸：（打開的狀態）約長12×寬15cm
HOW TO MAKE：P.68
實物大紙型A面

09

從零開始的精心傑作！
仿牛仔褲的眼鏡袋

這是下工夫讓袋子看起來像真正牛仔褲的精心之作，特別是左邊的袋子，連口袋也可實際使用，是兼具實用性的精巧設計。袋口放入彈片口金，可以輕鬆拿取眼鏡或太陽眼鏡。

（製作／清水悅子）

成品尺寸：各約長17×寬10cm
HOW TO MAKE：P.48
實物大紙型A面

背面也很寫實

不管是皮帶環或口袋上的標籤，就連背面花紋也酷似真正的牛仔褲。

棉繩也包上
丹寧布

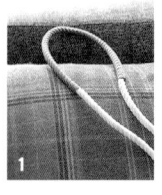

1

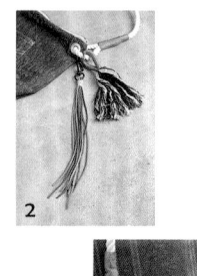

2

3

1包覆棉繩的布與包包本體的顏色
有一點微妙的差異,為包添加特
色。2用絨布帶子或棉繩製作流
蘇。重點是將2種流蘇合併使用。
3粗棉繩穿過的雞眼釦,以及雞眼
釦下面搭配的補強布,都充滿了工
裝風。

10

粗棉繩是重點

棉繩背帶小包包

成品尺寸:
約長21×寬23cm,側襠寬約6cm

HOW TO MAKE:P.50

實物大紙型A面

由水洗丹寧布與純白棉繩做成的清爽迷你小包包,彷彿
牛仔褲臀部口袋的小口袋是這個包包的特色。包包背面
有拉鍊口袋,流行的流蘇表現出滿滿的玩心。

(製作/神村綾子)

16

DENIM
attractive fabric
Mens-like bags and items

以黑衛士格紋帶出些許傳統味道

郵差包

包包本體
是採用丹寧布

這款充滿活力的郵差包,會讓人想精神抖擻地斜背出門。包包本體的深色丹寧布,搭配掀蓋的黑衛士格紋(黑藍綠格格紋),塑造出傳統的氣息。裝在背帶上的大背帶扣,也大大增加了男人味! （製作／北谷敦子）

成品尺寸:
約長27×寬38cm,側襠寬約8cm

HOW TO MAKE : P.52

1掀開掀蓋,包包本體前面的大口袋,與側邊放寶特瓶的袋子等等,都相當具機能性。2裝在背面的帶子可以固定在腰上,騎機車或自行車也不用擔心。

採用寬背帶，穩定感非
常好。長度可調整，可
以自由切換為單肩背或
斜背。

內袋都是
丹寧布

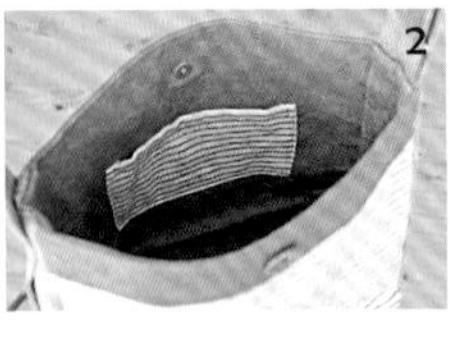

1

2

1側襠的設計是往底部漸寬的樣式，也可
有效防止外觀變形。2用硬挺的丹寧布做
為內裡，即使表布是容易拉長的羊毛呢布
也不用擔心變形。

12

即使重點式點綴也不會埋沒丹寧布的存在感

大型毛呢肩背包

若擔心丹寧布太過休閒，試著僅將其用於包包
的一部分，也是一種方法。可以將丹寧布的藍
色，運用在簡單的袋口周邊，或看不見的包包
內側。配上柔軟的羊毛呢布，很適合搭配秋冬
的穿著。 （製作／山本靖美）

成品尺寸：
約長38×寬38cm，側襠寬約13cm

HOW TO MAKE : P.52

實物大紙型A面

KHAKI AND CAMOUFLAGE SO COOL!
MENS-LIKE BAGS AND ITEMS

想要時髦一點的時候
卡其色 & 迷彩花紋

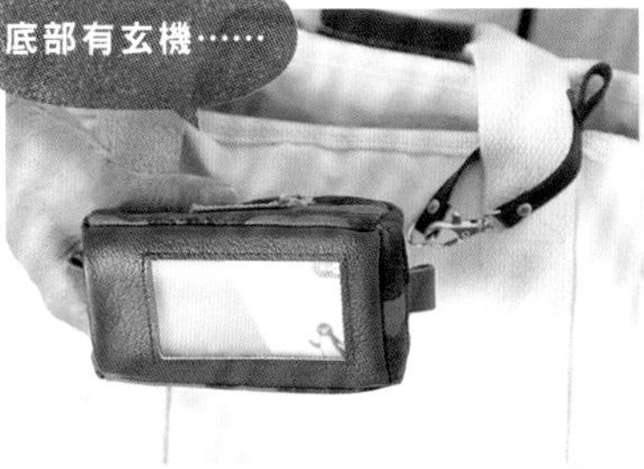

底部有玄機……

拉長伸縮繩就能感應卡片。包包裡可以放護唇膏或糖果等小東西。

外形可愛的實用小包
卡套小包包 13

手掌大小的可愛外形，搭配有點粗獷的迷彩花紋，是甜美與豪邁的組合。底部還可以放入悠遊卡之類的卡片，有方便上下車刷卡的功能！為了避免外出時忘記帶走，希望能扣在包包上，是很實用的單品。 （製作／清水悅子）

成品尺寸：約長6×寬11cm，側襠寬約6.5cm
HOW TO MAKE：P.56
實物大紙型A面

迷彩布料提供／Lecien

摺下來是
掀蓋背包

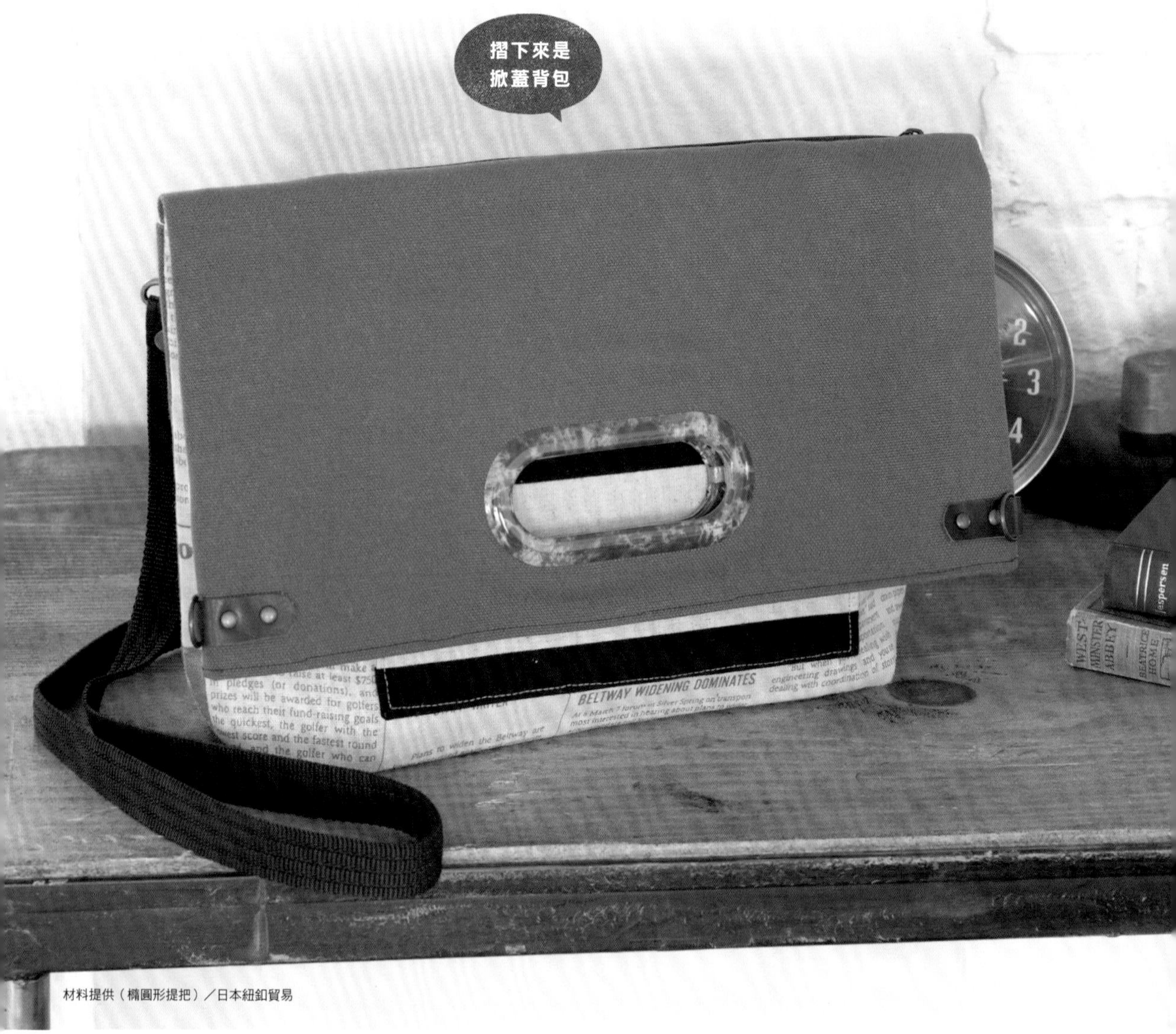

材料提供（橢圓形提把）／日本紐釦貿易

打開變成
長背包

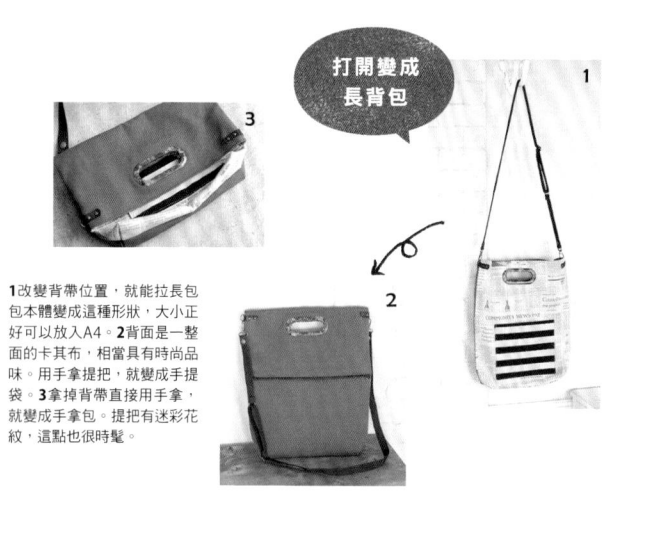

1 改變背帶位置，就能拉長包包本體變成這種形狀，大小正好可以放入A4。2 背面是一整面的卡其布，相當具有時尚品味。用手拿提把，就變成手提袋。3 拿掉背帶直接用手拿，就變成手拿包。提把有迷彩花紋，這點也很時髦。

14

有4種背法可以隨心所欲！
4種背法的方形包包

這個包包的設計，可讓1個包包變化出4種背法，有時可露出一整面卡其布，有時是以迷彩提把為重點。依照不同的使用方式，卡其布與迷彩圖案的表露方式也不一樣，可以搭配穿著選用適合的樣式。

（製作／清水悅子）

成品尺寸：（打開的狀態）約長39×寬26cm，側襠寬約8cm

HOW TO MAKE：P.51

關鍵是要選用
素雅的布

15 帆布×Liberty花紋
成熟典雅的單肩後背包

與卡其色帆布搭配的，竟是Liberty印花布！
將Liberty印花布運用在男性風格用品上，令
人眼睛為之一亮，若是不會過於華麗的樸素圖
案，則男女皆可使用。省卻無用裝飾的簡單外
觀也是成功的要素。　　　（製作／山本靖美）

成品尺寸：
約長22×寬18cm，側襠寬約8cm

HOW TO MAKE：P.55

實物大紙型A面

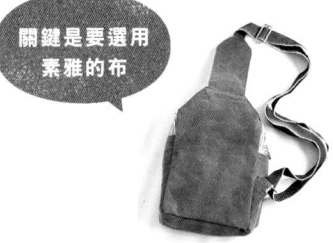

即使是8號帆布，由於選用的布
料經過水洗加工，帶有褪色的質
感，因此成品既樸素又優雅。

特色在於
寬提把

背面採用點狀花紋，一翻轉就變
成女孩風。前後使用不同花紋
時，要選擇相同色系。

內側有大口袋。與提把呈
現對照的2條細背帶也很
引人注目。

成品尺寸：
約長33×寬32cm，側檔寬約18cm
HOW TO MAKE：P.54
實物大紙型B面

用鉚釘與皮革就能瞬間變時尚

寬提把的大托特包

16

加上卡其色，鉚釘、皮革與數字貼布等男性風
格要素，四處點綴在這個包包上。令人無法忽
視的寬提把，或是將底布斜斜地拼接起來的設
計，出色的玩心隨處可見。

（製作／長谷川MAYUMI）

17

與明亮的布拼接以提升潔淨感
悶燒罐小餐袋

採用迷彩花紋的悶燒罐小餐袋，是爸爸也可以帶去公司用的男性風格設計。捲下來扣住的袋口很有特色。餐袋內側使用防水布料，即使髒了也能輕鬆擦掉。　　　　（製作／清水悅子）

成品尺寸：約長26×寬11cm，側襠寬約10cm
HOW TO MAKE：P.58

放悶燒罐
剛剛好

這個餐袋的尺寸適合約直徑9×高13cm的悶燒罐。多出來的空間還可以放餐墊等物品。

'18　紅色的拉鍊是重點
迷彩鑰匙包

這個鑰匙小包包，是像套上去似地安裝在掛著鑰匙的鑰匙圈繩子上。迷彩花紋雖然只用了一小部分，卻非常有存在感，而且和紅色拉鍊也很搭！棉繩和水滴形鉤環等金屬配件，要挑選色澤古樸的才好。　　　　（製作／清水悅子）

成品尺寸：約長5.5×寬14.5cm，側襠寬約2cm
HOW TO MAKE：P.57

注意雞眼釦
的用法

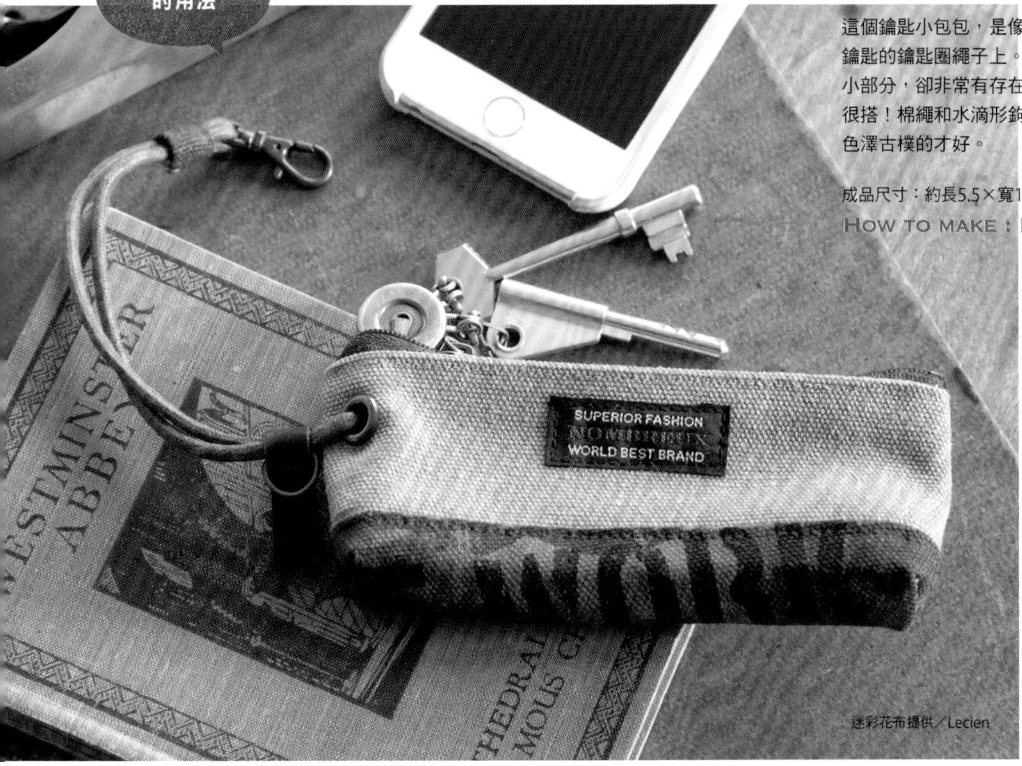

SUPERIOR FASHION
NOMBREUX
WORLD BEST BRAND

迷彩花布提供／Lecien

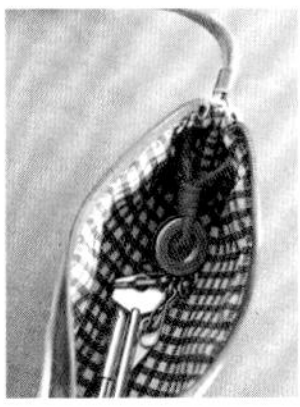

讓鑰匙圈的繩子從雞眼釦伸出去，這個點子相當好。內裡使用的格子布很可愛。

Leather materials

皮革材質同時具有男人味與雅緻的氛圍。
就算只是少部分用於小型包包或袋子上，
依然感受得到存在感。
用起來順手的質感或是
會隨著時間改變的顏色或質地，都很令人玩味！

'19 輕薄卻具有超強收納力
貼身小包

在所有包包之中，這個貼身小包不論帶去何種
場合都顯得時尚優雅。皮製掀蓋活用了裁切後
無修飾的裁邊，呈現皮革的自然狀態。以雞眼
釦與銅環連接包包本體與掀蓋，像個小筆記
本，也是很棒的特色。 （製作／清水悅子）

成品尺寸：約長13×寬21cm
HOW TO MAKE：P.59
實物大紙型B面

主角是
獨特的掀蓋！

1 掀蓋上以模板印刷圖案增添重
點。**2** 外側有4個尺寸不同的口
袋，可放隨身包面紙等物，相當
具機能性。「冬天也可以放口罩
喔！」

若本體與束帶採用同色系，裡布就要選用鮮豔的布料，使開啟的瞬間充滿驚喜。

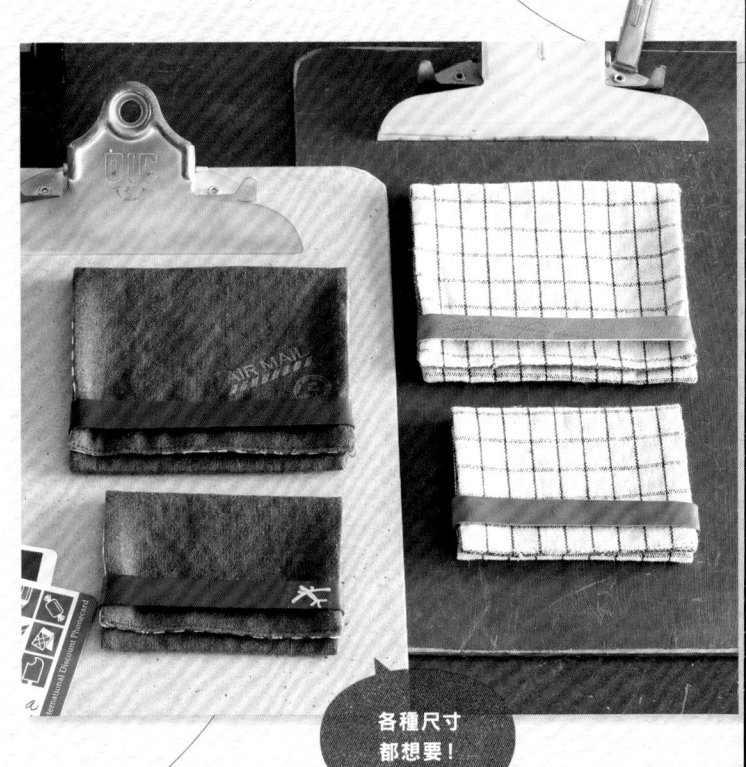

20

皮革束帶很有效果

簡約卡片夾

即使是外形基本的卡片夾，只要加上一條細細的皮革束帶，就會有時尚瀟灑的印象。「考量到布料的厚度，束帶的長度要比卡片夾本體的寬度多0.5cm，這是小竅門。」中島小姐說。小的可以裝卡片類，大的可以放手帕之類的物品。　　　　　　　　　（製作／中島聖子）

成品尺寸：
（大）各約長10×寬12cm，（小）各約長7.5×寬10cm
HOW TO MAKE：P.62

> 各種尺寸都想要！

用動物圖案帶出流行感！

21

平板電腦收納包

把皮革加在時下流行的北極熊圖案上，就很有男人味。在一片外觀冷酷的電腦周邊商品之中，這種設計男女都能用♪　安裝金屬插釦的蓋子下，是可以收納電線或USB隨身碟的袋子。　　　　　　　　　（製作／宮崎AKO）

成品尺寸：約長26×寬18cm，側襠寬約2cm
HOW TO MAKE：P.61
實物大紙型B面

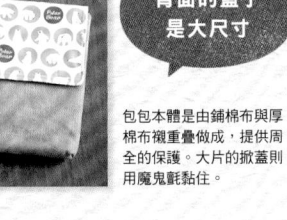

> 背面的蓋子是大尺寸

包包本體是由鋪棉布與厚棉布襯重疊做成，提供周全的保護。大片的掀蓋則用魔鬼氈黏住。

22

運用無修飾裁邊的外觀
多口袋小包包

可以空出雙手的腰掛式款式，彷彿木匠的工具包，相當帥氣！除了可以掛在褲子的皮帶環上，也可以掛在包包上。運用皮革裁切後未經修飾的特色，在掀蓋邊緣剪出曲線，形成微妙的美感。 　　　　（製作／中島聖子）

成品尺寸：各約長15×寬14cm，側襠寬約2cm
HOW TO MAKE：P.62

還可以在背後
加上夾子

1在背面的皮革帶上加上夾子，就可以當成隨身小包使用。2掀開外蓋，外側有小口袋，右側較淺，左側較深，不同的深度使用起來很方便。

使用方便
的筆插

1於書套兩端夾住封面的部分，也用了兼具止滑效果的皮革布。2當書籤繩使用的絨面皮繩有2條，可以夾在看到一半的地方，以及喜歡文章的頁數。

23

附書籤繩與筆插
布書套

用堅韌的皮革製作的布書套，愈用愈有味道，令人長時間愛不釋手。若看到喜歡的文章，可以馬上用書籤繩夾住，表面的筆插也是很好的構想！當成禮物送給男性，對方應該也會很喜歡。 　　　　（製作／榎本 愛）

成品尺寸：（打開的狀態）約長16×寬27cm
HOW TO MAKE：P.60
實物大紙型B面

Leather materials

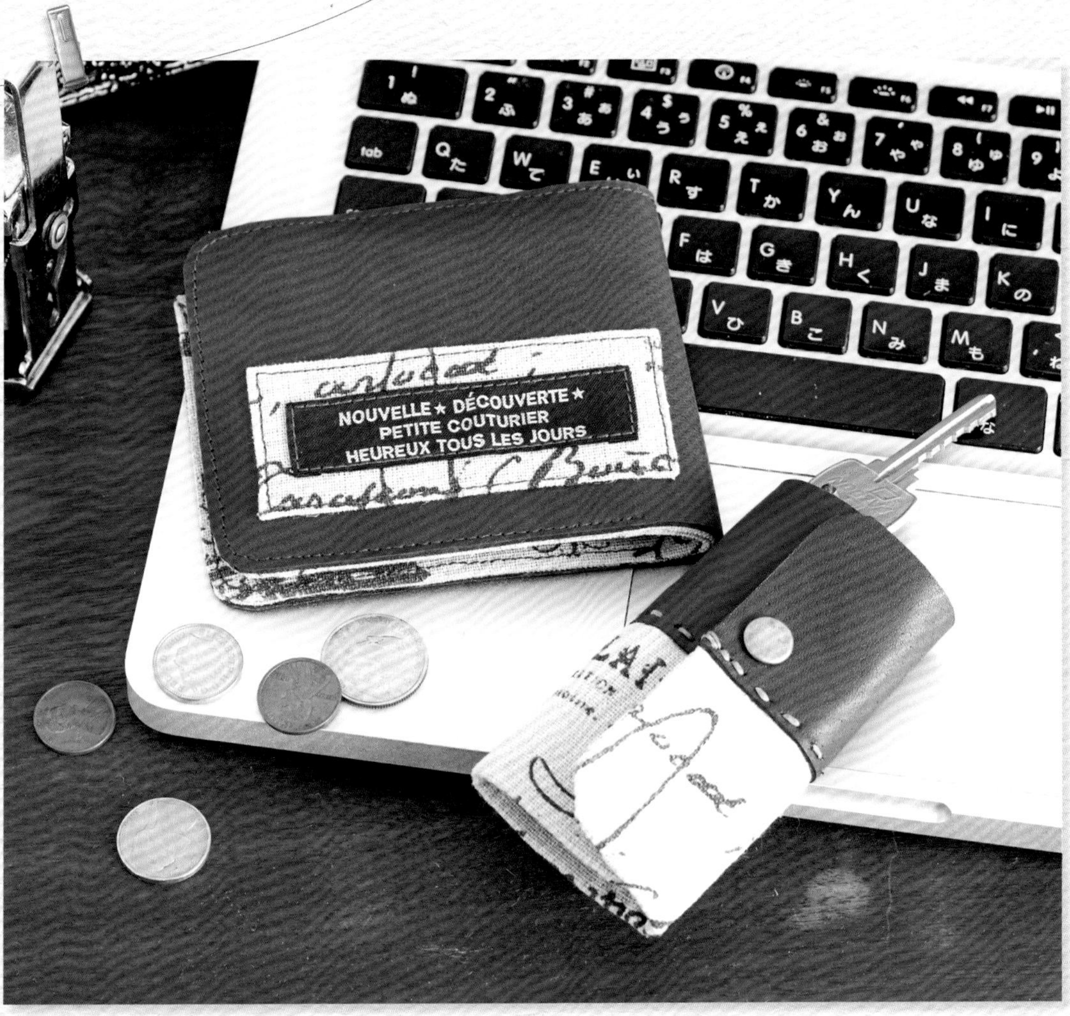

24

不會太冷硬的設計

對摺皮夾＆鑰匙包

用皮革布料製作的雅緻對摺皮夾，是貨真價實的男性風格配件。「皮革不僅容易剪裁，如果是薄皮革還能用縫紉機車縫，其實是種做起來相當簡單的材質，我很推薦。」山本小姐說。用同色系的布料與標籤使整體看起來更雅致。（製作／山本洋子）

成品尺寸：
〈摺起的狀態〉
（皮夾）約長9.5×寬12㎝，
（鑰匙包）約長10×寬6㎝

HOW TO MAKE：P.63
實物大紙型B面

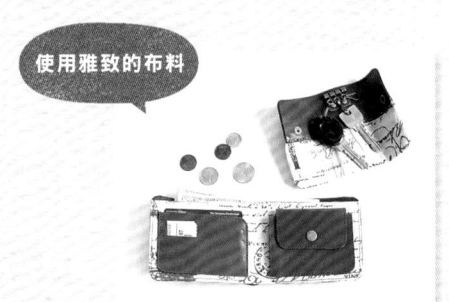

使用雅致的布料

皮夾裡有卡片夾層與零錢包，用起來很方便。鑰匙包的要領是把內側皮革稍微剪得小一點，使用時將兩端捲起來做出折痕並扣上。

VIVID COLOR
* * *
colorful designs
Mens-like bags and items

想做出時髦的包包就要用
鮮明的色彩

25

使用斜格子表現玩心
格紋側背包

選用寬版拉鍊與背帶,一瞬間就提升了這款側背包的男人味。休閒的格紋也充滿了戶外的氣氛!上側襠不用其他布,而是與包包本體融為一體,這是設計上的重點。

（製作／長谷川久美子）

成品尺寸:約長35×寬19cm,側襠寬約8cm
HOW TO MAKE : P.64
實物大紙型B面

左右皆有
一個D形環

在左右兩側安裝D形環,不管左肩或右肩都可以背,相當方便。

CHAMBLUE H&Q
EST. 1982
QUALITY MANUFACTURED GOODS
DO NOT REMOVE THIS LABEL

拉鍊選用彩色的迷彩花紋，為簡單的小包包增添花樣。

材質提供（拉鍊）／日本紐知貿易

成品尺寸：各約長16×寬22cm

HOW TO MAKE：P.60

不管有幾個都很好用！ **26**

扁型小包包

沒有側襠、沒有裡布，只用一片布做成的小包包，製作簡單，運用範圍也很廣，會讓人想用不同顏色的布做好幾個。在顯色的鮮豔帆布上，用模板字體或拉鍊添加男人味。當做小禮物送人，對方應該也會很高興。

（製作／宮崎AKO）

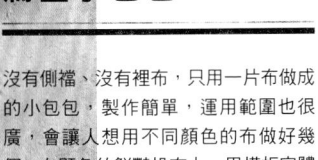

看得到卡片的口袋

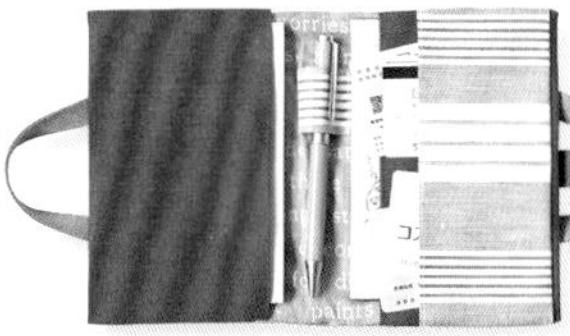

製作較淺的口袋，就能一眼找到看病用的預約卡。筆插的設計也很方便。

鮮明的紅色帶來活力 **27**

就診小包包

這是把到醫院看診的必需品都收納進去的就診小包包。若時常將預約卡、健保卡、以及容易不小心遺忘的就醫紀錄手冊，全都放在一起，要看醫生時就不會慌張，令人安心。用充滿活力的紅色來製作，彷彿連疾病或傷口都痊癒了呢！ （製作／橿 禮子）

成品尺寸：（關上的狀態）約長13×寬17cm

HOW TO MAKE：P.72

用提把
夾住物品

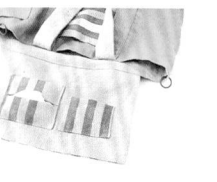

1

2

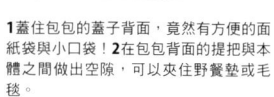

1蓋住包包的蓋子背面，竟然有方便的面紙袋與小口袋！**2**在包包背面的提把與本體之間做出空隙，可以夾住野餐墊或毛毯。

28

黃×藍＝活力十足！

野餐袋

宛如灑下的陽光與萬里晴空的配色十分鮮明！不只可以放入許多大型物品，還有很多適合野餐的貼心功能。底布使用鋪棉布，相當牢固。

（製作／竹澤寬子）

成品尺寸：
約長35×寬34cm，側襠寬約14cm

HOW TO MAKE : P.68

29

彩色條紋洋溢休閒感
條紋郵差包

這個斜肩背包的簡單外形與寬背帶很有
休閒感，適合讓鮮豔的條紋擔任主角。
此款包包的重點在於拆下不要的包包上
的皮革標籤重複利用。背面還有外側口
袋。　　　　　（製作／HIJINO YUKARI）

成品尺寸：
（往下摺的狀態）約長37×寬30cm，
側襠寬約8cm
HOW TO MAKE：P.66

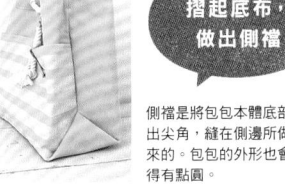

摺起底布，
做出側襠

側襠是將包包本體底部摺
出尖角，縫在側邊所做出
來的。包包的外形也會變
得有點圓。

用棉繩與雞眼釦塑造海軍風格
棉繩提把
托特包
與零錢包

30

這款以雞眼釦與棉繩為特徵的包包，是從木匠
使用的帆布工具袋啟發靈感，搭配剪裁後未經
修飾的皮革，也相當時尚。可以調節棉繩的長
度，享受肩背或手提的兩用樂趣。
　　　　　　　　　　　（製作／太田麻由美）

成品尺寸：
（托特包）約長32.5×寬33cm，側襠寬約16cm
（零錢包）約長9×寬11cm
HOW TO MAKE：P.65
實物大紙型B面

裡布也很
講究

1 深度頗深的大口袋用途很多，交叉的抽繩也很有戶外的氣氛。可以把熱了脫掉的上衣等物品放在這裡，相當方便。**2** 表布若是像帆布之類的厚布料，裡布可以使用薄布。

成品尺寸：
約長40×寬28㎝，側襠寬約13.5㎝
HOW TO MAKE：P.66
實物大紙型B面

31

鮮豔的粉紅色最適合戶外活動
運動風格後背包

由於露營與登山的風潮，也掀起一波後背包的熱潮。用彩色帆布製作，就可以做出在平時也能用的帥氣背包。雙開拉鍊與放入鋪棉布襯的背後部分等等，隨處皆是為了方便使用而下的巧思。　　（製作／山岸KAORI）

32

從用3色帆布做出條紋開始

海軍條紋後背包

使用3種顏色不同的布料,依自己的喜好從條紋開始製作,是很費工的單肩後背包。不論是圓柱形的外觀,還是使用棉繩繫緊的袋口,這些清爽的感覺都非常適合夏日的海邊。背帶長度可調整,也可以斜背。

（製作／吉本典子）

1用自然色系的條紋製作,給人煥然一新的印象。雞眼釦與皮革的顏色也要改變一下,以配合整體氣氛。2縫在背後的深藍直條紋,是為了隱藏條紋的接縫,也變成外觀上的特色,一舉二得。

背部的縱線
是特點

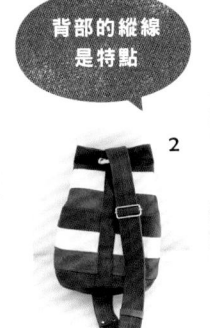

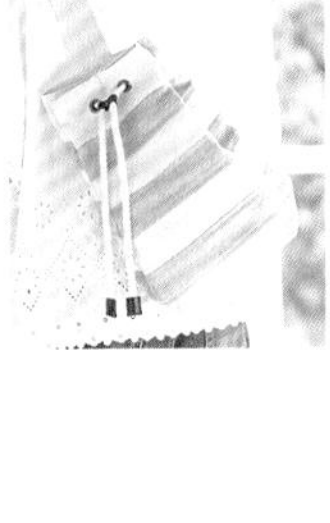

成品尺寸:
約長37×寬20cm,側襠寬約15cm
HOW TO MAKE : P.70

VIVID COLOR
colorful designs
Mens-like bags and items

背後的模樣也很可愛

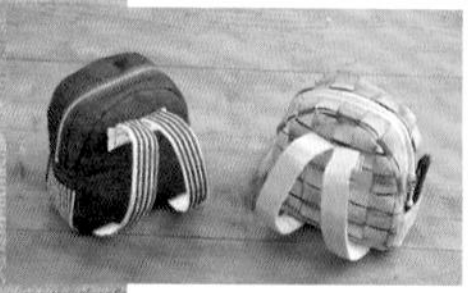

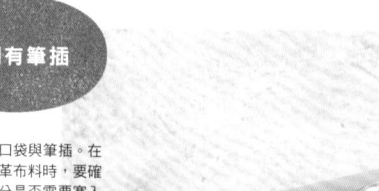

連背帶也充滿玩心！將背帶上端與標籤重疊再縫上，藏起接縫。

34

用2種布料做出星條旗

細長筆袋

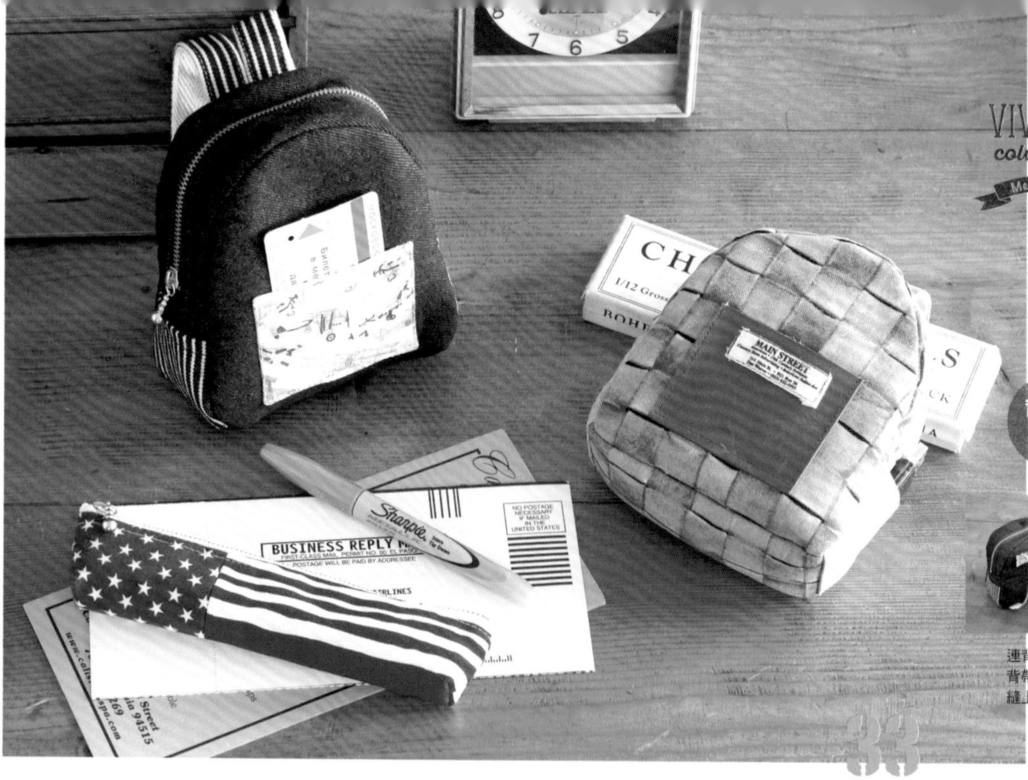

將星星圖案與條紋布拼接出星條旗的圖案。「具功能性且攜帶方便」這是男性風格的重要要素。不會太大的尺寸也是得分重點。

（製作／清水友美）

成品尺寸：
約長3.5×寬17cm，側襠寬約2cm

How to make：P.72

33

雖然只有手掌大卻非常好用

背包形狀的小袋子

容易找不到的停車券或鑰匙、USB隨身碟之類的小東西，都可以放入這款做為袋中袋的迷你背包裡。手掌大小的圓滾滾外形相當可愛。

（製作／清水友美）

成品尺寸：
各約長14×寬13cm，側襠寬約5.5cm

How to make：P.71

實物大紙型B面

內側有筆插

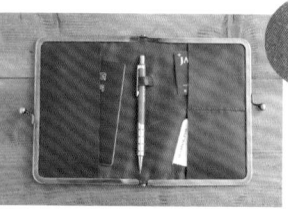

內側有口袋與筆插。在疊上皮革布料時，要確認該部分是否需要塞入口金。

35

使用貼布徽章很有新鮮感！

口金護照套

雖然是口金包的模樣，不過成品是平面的，有俏皮的印象。用具有男性風格的貼布徽章或鉚釘充分裝飾，是讓成品帥氣的關鍵。

（製作／鈴木郁代）

成品尺寸：（閉合狀態）各約長14×寬18cm

How to make：P.58

實物大紙型B面

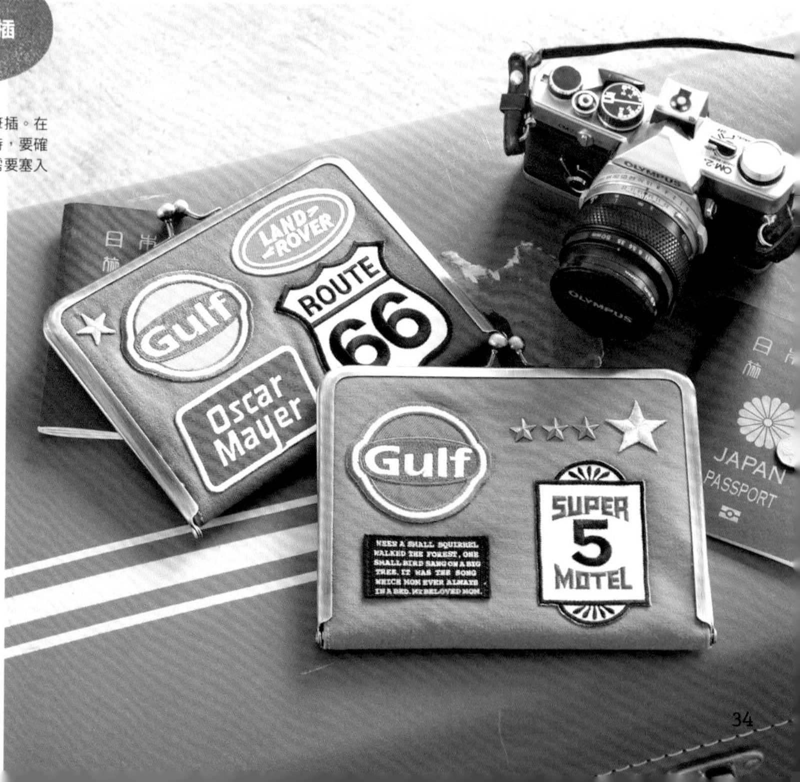

HOW TO MAKE

在開始製作
之前……

★ 插圖或照片中的數字單位是cm。

★ 材料若寫○×○cm，指的是寬×長。

★ 設定上尺寸會較所需的布料大。

★ 製作方法頁上有標示 **紙型 A面** **紙型 B面** 的作品，
　 可使用附錄的實物大紙型製作。

★ 沒有標示 **紙型 A面** **紙型 B面** 的作品，
　 由於各部位皆為直線構成，因此沒有紙型。
　 請依照解說圖中的尺寸自行製作紙型，
　 或直接在布上畫線。

希望能先準備好的
工具

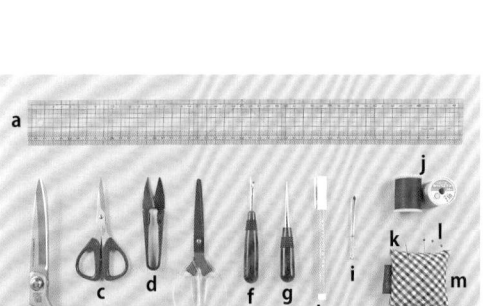

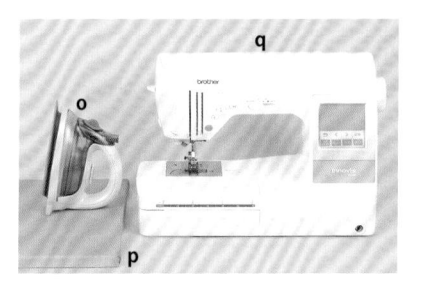

a 方格尺	h 布用粉筆	
b 裁布剪刀	i 穿繩器	
c 小剪刀	j 車縫線	
d 修線剪刀	k 縫衣針	
e 剪紙剪刀	l 珠針	o 熨斗
f 拆線器	m 針插	p 燙衣板
g 錐子	n 假縫夾	q 縫紉機

2.製作提把

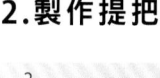

2 縫合
表布（正面）　裡布（背面）

01 將提把的表布與裡布以正面對正面相疊，將布端錯開2cm，縫合單側的長邊。

POINT
表布（背面）
針腳　　裡布（正面）

02 翻回正面，把另一側長邊的縫份往內摺，用假縫夾固定。翻面時可以使用錐子柄等的工具來壓。

POINT
剪掉
裡布（正面）

03 為了盡量減少布重疊的部分，剪去表布的縫份。另一條也一樣。

車縫

04 將2條提把的表布以正面對正面疊好，在距離布端2cm處車縫。

來製作第5頁的「色彩鮮明的托特包」吧！

colorful design

縫製帆布的方便工具

30號車縫線

又粗又堅固的30號車縫線，最適合用來縫製有些厚度的8號帆布。Shappesupan車縫線#30/FUJIX

假縫夾

若布料很難用珠針固定，可以用假縫夾。如果要固定的範圍很大，長條形的假縫夾相當方便。／皆為Clover

16號車針

要製作將數片厚布重疊縫合的作品時，建議可以使用較粗的16號車針。／Clover

材料

本體·口袋（8號帆布）90×65cm、提把（8號帆布）90×25cm、直徑0.9cm的鉚釘20組、直徑1cm的雞眼釦2組、寬2cm的人字斜紋帶80cm、喜歡的裝飾繩。

成品尺寸：（不含提把）
各約長22.5×寬33cm，側襠寬約9.5cm

剪下各部位（數字為含縫份的尺寸。圓圈數字是縫份）。帆布這種厚布料容易發生誤差，即使是左右對稱的圖形，最好也要攤開來裁剪。

1.裁布

本體（1片）
35
26
③
①
8
①
5
①
①
26

口袋（1片）
13
⑰
①
38

5.5 5.5
提把裡布（2片）
提把表布（2片）
①
①
①
①
82
86

布料若有方向性，本體與口袋上以虛線分開的前、後片都要各自分別剪裁（每一片的虛線部分都多加上1cm的縫份），再將前後2片縫合。

3.製作包包本體

本體
( )裡是口袋尺寸

1（0.7）
2（1）

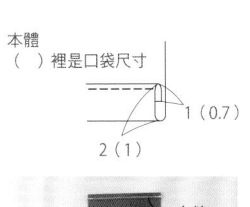

車縫

（背面）

車縫

車縫

03 口袋開口處也是一樣，摺成三褶後車縫起來。

04 在本體上安裝雞眼釦

POINT

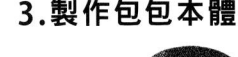

（背面）

01 將本體的開口處摺成三褶，以假縫夾固定（長條形）。

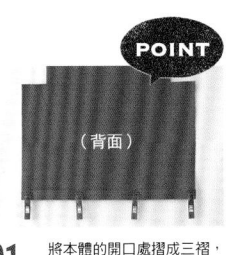

車縫

車縫

02 車縫摺起的部分。

---

06 在提把上安裝鉚釘

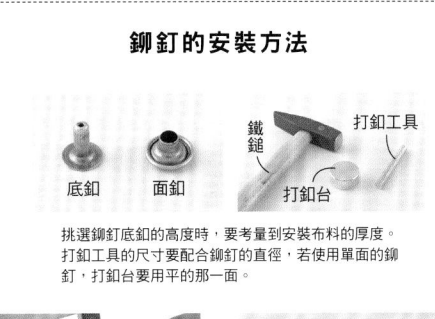

表布（正面）

裡布（正面）

05 另一側一樣在距離布端2cm處車縫，形成一個環。分開縫份。

雞眼釦的安裝方法

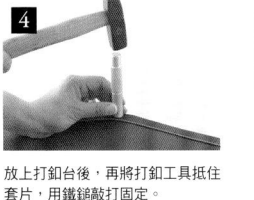

套片　　底座

鐵鎚

打釦台　打釦工具

雞眼釦的底座也有長度的分別，挑選時要先考量布的厚度。選擇打釦工具與打釦台的尺寸時，要配合雞眼釦的直徑。

3

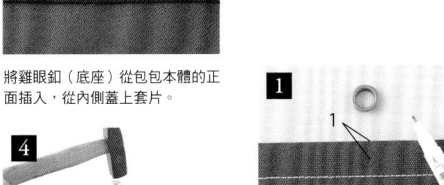

將雞眼釦（底座）從包包本體的正面插入，從內側蓋上套片。

4

放上打釦台後，再將打釦工具抵住套片，用鐵鎚敲打固定。

5

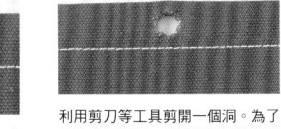

雞眼釦安裝完成。另一側的袋口也以相同步驟安裝。

1

1

找出包包本體的中央，把雞眼釦放在距離開口邊緣1cm的地方，畫上記號。

POINT

2

利用剪刀等工具剪開一個洞。為了不使布料綻開，剪開的洞要比雞眼釦小。

鉚釘的安裝方法

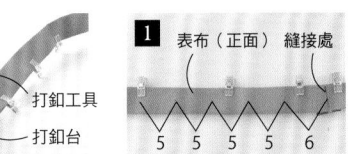

底釦　面釦

鐵鎚

打釦工具

打釦台

挑選鉚釘底釦的高度時，要考量到安裝布料的厚度。打釦工具的尺寸要配合鉚釘的直徑，若使用單面的鉚釘，打釦台要用平的那一面。

5

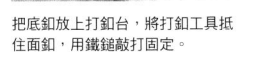

打釦工具

打釦台

把底釦放在打釦台上，將打釦工具抵住面釦，用鐵鎚敲打固定。

6

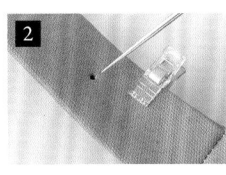

鉚釘安裝完成。以同樣的步驟，繼續安裝其他4個鉚釘。

7

在提把的4個邊各安裝5顆鉚釘，將總計20顆鉚釘固定好。由於容易移位，打洞要一個一個打，打好洞後蓋上鉚釘的面釦，最後再一口氣用打釦工具固定即可。

1 表布（正面）縫接處

5　5　5　6

在要安裝鉚釘的位置做上記號。

2

用錐子在做記號的位置上打孔。將錐子像撐開兩側一般插進去就好。

3 鉚釘（底釦）

表布

從裡布那一側插入鉚釘（底釦）。

4 鉚釘（面釦）

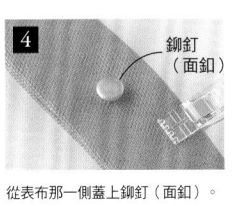

從表布那一側蓋上鉚釘（面釦）。

4.整合

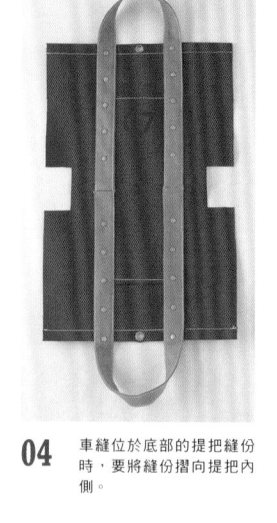

04 車縫位於底部的提把縫份時,要將縫份摺向提把內側。

05 將包包本體的正面朝內對摺,左右兩側用假縫夾固定。

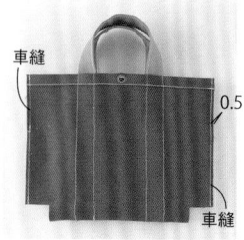

車縫

車縫

0.5

06 縫份雖是1cm,但此時要車縫的地方是離布邊0.5cm之處。

POINT

剪掉

07 小心剪掉外側的布,不要剪到縫線。

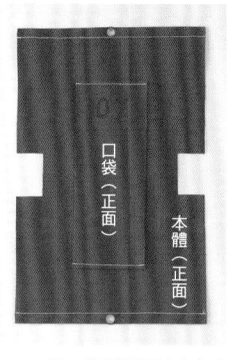

口袋(正面)

本體(正面)

01 將口袋重疊放置在包包本體中央。

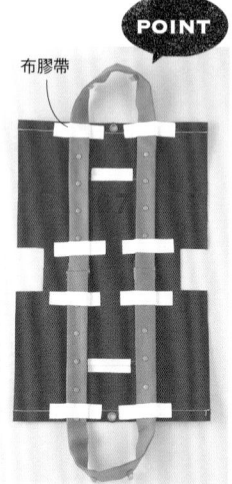

POINT

布膠帶

02 將提把重疊放置在包包本體,提把縫接處要在本體底部。假縫夾夾不到的地方,建議可用布膠帶固定。

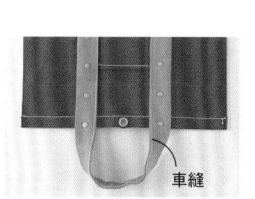

車縫

03 宛如車縫裝飾線似地將提把縫在包包本體上。超出本體的部分也要接續著車縫一圈。

---

05 在口袋上印模板字體

印模板字體的方法

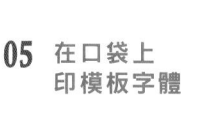

透明文件夾

要印的字

用透明文件夾來製作獨創的模板。塗料使用無光澤的壓克力顏料。

3 3

黏貼模板,使文字與口袋開口距離3cm。

1

用紙膠帶把想印的圖案貼在透明文件夾的背面,用美工刀切割出圖案,製作模板。

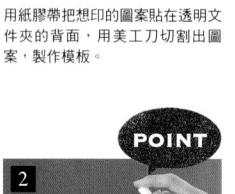

POINT

2

移開紙,在模板背面噴上噴膠。用噴膠固定後,塗抹顏料時模板就不會移位,相當方便。

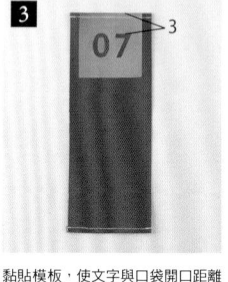

4

以海綿之類的工具沾取少量壓克力顏料,在模板上以按壓的方式上色。

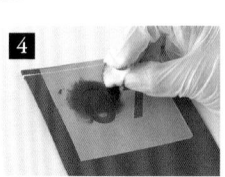

5

上色完立刻拿開模板,稍微放置一段時間,等顏料乾燥即完成。

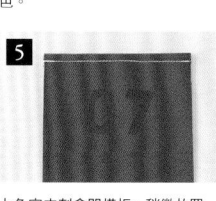

khaki and camouflage

在包包本體的袋口，以紅線車上車做為重點的裝飾線。提把也車上打叉的裝飾線，看起來更有休閒感。

寬2cm的D形環

2   7

雙面鉚釘

製作2個長7cm的布耳，穿過D形環，用鉚釘固定在本體開口處兩側。由於布很厚，要準備底鉚高度1cm的鉚釘。

正面

製作長16cm的布耳，縫在包包本體正面的中央。

2

16

5
1.5

背面

寬2cm的D形環2個

夾住

2

2   8

車縫

1.5

將長8cm的布耳穿過2個D形環後縫合，再車縫在本體背面中央。

---

logo design

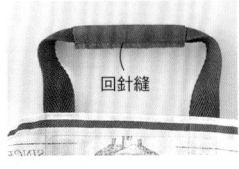

回針縫

將5×10.5cm的皮革對摺包住提把，用回針縫車縫（使用寬3cm的織帶提把）。

---

denim

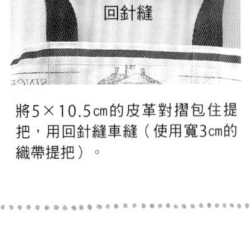

正面

4.5

裝飾布帶

在口袋開口處縫上裝飾布帶。在距離包包本體袋口4.5cm處縫上裝飾鈕。

背面

約20   8

在包包本體袋口附近安裝2個直徑0.5cm、相距約1.5cm的雞眼釦，再用4條長約40cm的皮繩穿過雞眼釦，用帶子束緊。

08 用斜紋布帶包住縫份，以假縫夾固定。此時上端要預留1cm。

1摺下來

車縫

1

09 將上端的斜紋布帶摺下來車縫。用這個方法，本體的縫線就不會從布帶邊緣間露出來，做好之後會很漂亮。

0.5

10 將底部與側邊縫線相疊，縫出側襠。

1   車縫

11 這裡也一樣，剪去多餘的縫份，用斜紋布帶包住車縫。

12 將裝飾繩穿過雞眼釦就完成了。

書上教學 ❷

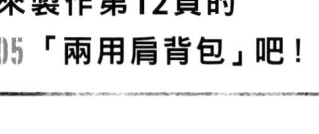

logo design

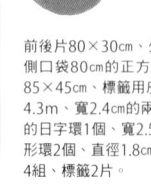

2.製作背帶

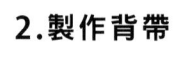

反摺3cm ｜ 日字環

1 1 1 ｜ 12

01 把剪成160cm的織帶穿過日字環做成環狀，車上縫線。

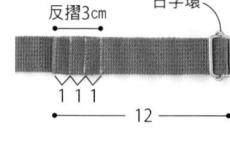

水滴形鉤環

02 穿過1個水滴形鉤環後，將織帶另一端也穿過日字環。

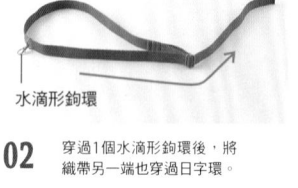

水滴形鉤環

1.5 ｜ 1 1 ｜ 3

03 將織帶另一端再穿過另一個水滴形鉤環，縫合此端。

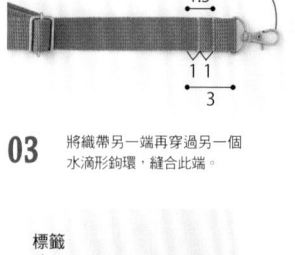

標籤

04 將標籤縫在喜歡的位置。

來製作第12頁的
05「兩用肩背包」吧！

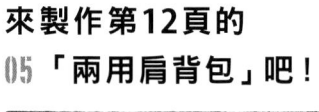

材料

※為了使說明清楚明瞭，會改變線與布料的顏色。實際製作時，請選用喜歡的布料，也要挑選能夠搭配布料顏色的線。

前後片80×30cm、外側口袋45cm的正方形、內袋‧內側口袋80cm的正方形、底部合成皮45×35cm、布襯85×45cm、標籤用皮革10cm的正方形、寬2.5cm的織帶4.3m、寬2.4cm的兩側內摺式斜紋布帶80cm、寬2.5cm的日字環1個、寬2.5cm的水滴形鉤環2個、寬2.5cm的D形環2個、直徑1.8cm的磁釦1組、直徑0.8cm的雙面鉚釘4組、標籤2片。

1.裁布

剪下各個部位（數字為含縫份的尺寸。圓圈數字是縫份）。前後片準備2片，其他各準備1片。

37

① 不加縫份

前後片（2片）

26

①

37

不加縫份

內袋（1片）

32

①

①

7

12

①

32

不加縫份

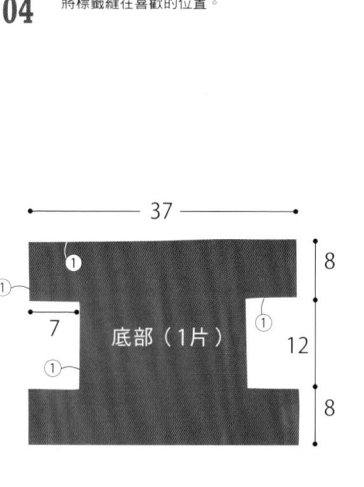

37

①

①

7

底部（1片）

8

12

①

8

42

①

外側口袋（1片）

38

①

37

①

內側口袋（1片）

36

①

3.製作外袋

09 用與前片相同的做法製作後片，但不加口袋。把喜歡的標籤縫在提把上。

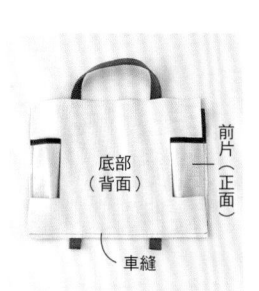

10 把前片與底部以正面對正面疊好，縫合。

POINT

合成皮比較容易滑動，最好換上鐵氟龍製的專用壓布腳。

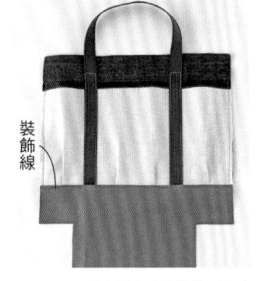

11 正面也要車上裝飾線。這時要把縫份摺向底部。

05 把外側口袋疊在前片上，在距離側邊與底部布邊0.5cm處用縫紉機粗縫。

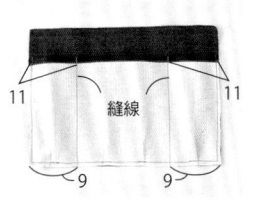

06 車上分隔口袋的縫線。前片布與外側口袋的開口長度不同，因此口袋的部分是彎曲的。

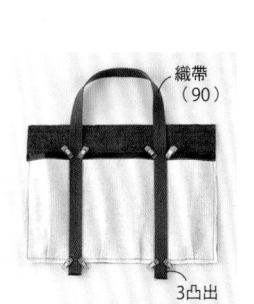

07 先把織帶重疊於分隔線的位置，再用假縫夾固定。

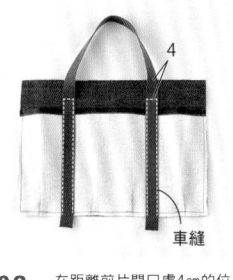

08 在距離前片開口處4cm的位置車上口字形的縫線。

01 在外側口袋布的背面貼上布襯。

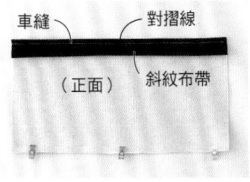

02 將布的正面朝外對摺，把斜紋布帶重疊在對摺的邊上車縫。

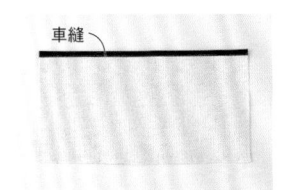

03 用斜紋布帶包起布邊車縫。

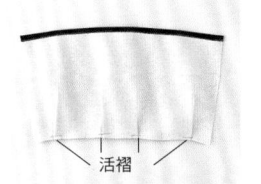

04 在外側口袋的底部摺活褶，在距離布邊0.5cm處假縫。

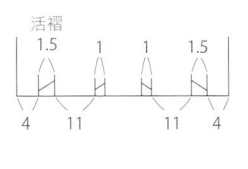

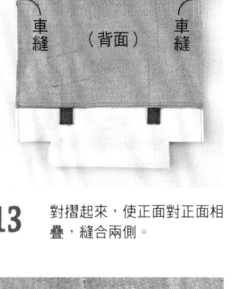

12 後片與底部也以同樣方式車縫。

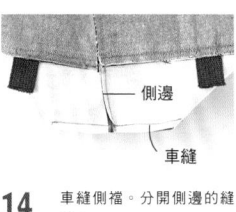

13 對摺起來，使正面對正面相疊，縫合兩側。

14 車縫側福。分開側邊的縫份。

5.整合

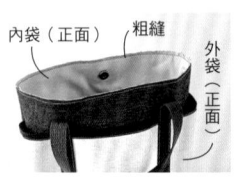

01 把外袋與內袋以背面對背面相疊，以粗針假縫在袋口的縫份線外側。

縫合

02 剪一條長度與開口周長（約70cm）相等的織帶，縫合兩端形成環狀。

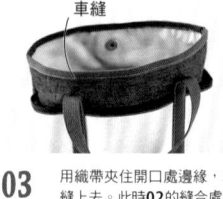

車縫

03 用織帶夾住開口處邊緣，車縫上去。此時02的縫合處要重疊於包包側邊的縫線上。

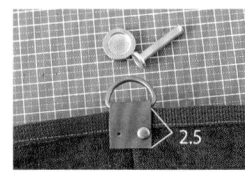

2.5

04 剪下2片2.5×6cm的皮革製作布耳，穿過D形環後對摺，分別夾在開口處兩側，以鉚釘固定（參照P.37）

05 把背帶裝在兩側的D形環上，完成。

---

06 安裝磁釦

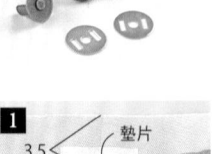

磁釦的安裝方法

選擇磁釦時，要考量到布料厚度與磁鐵強度之間的平衡。由於要割開布料插入，因此要貼上補強材料的布襯。磁釦的腳要彎向外側或內側都可以。

4 內袋（背面）

往外側壓彎

把墊片套上從背面穿出來的腳，將腳往外側壓彎。

POINT

5 內袋（背面）

布襯

為了不讓金屬配件碰到布料，剪一小片布襯貼上去。

6 內袋（正面）

凹釦安裝完成。接著用相同做法安裝磁釦的凸釦。

1 墊片　3.5　內袋（背面）

在內袋布料的背面（縫上內側口袋的那一面）貼上一小片布襯，在距離開口處3.5cm的位置放上墊片並做記號。

2

拿開墊片，用刀片割開畫記號的地方。

3 內袋（正面）

從正面插入磁釦（凹釦）的腳。

4.製作內袋

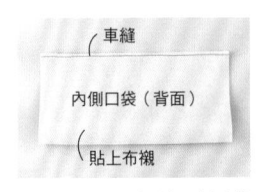

車縫　內側口袋（背面）　貼上布襯

01 在內側口袋的背面貼上布襯後，正面朝內對摺車縫。

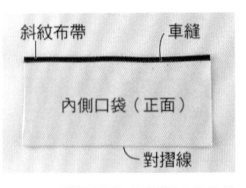

斜紋布帶　車縫　內側口袋（正面）　對摺線

02 翻回正面，用斜紋布帶包住有車線的一邊並車縫。

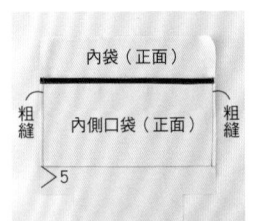

內袋（正面）　粗縫　內側口袋（正面）　粗縫　>5

03 將內側口袋疊在內袋上，在距離兩側布端0.5cm處用縫紉機粗縫。

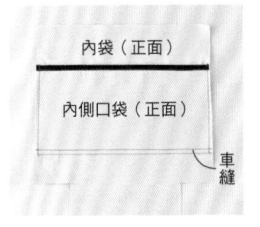

內袋（正面）　內側口袋（正面）　車縫

04 車縫內側口袋的底。

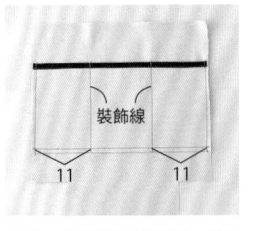

裝飾線　11　11

05 在距離左右兩側11cm的地方，車上分隔的裝飾線。

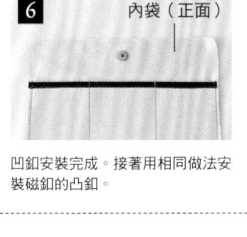

內袋（背面）　側邊　車縫　1

08 一樣車縫側襠，分開側邊的縫份。

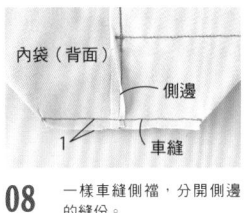

縫合　內袋（背面）　縫合　1

07 將內袋的布以正面朝內對摺，縫合兩側。

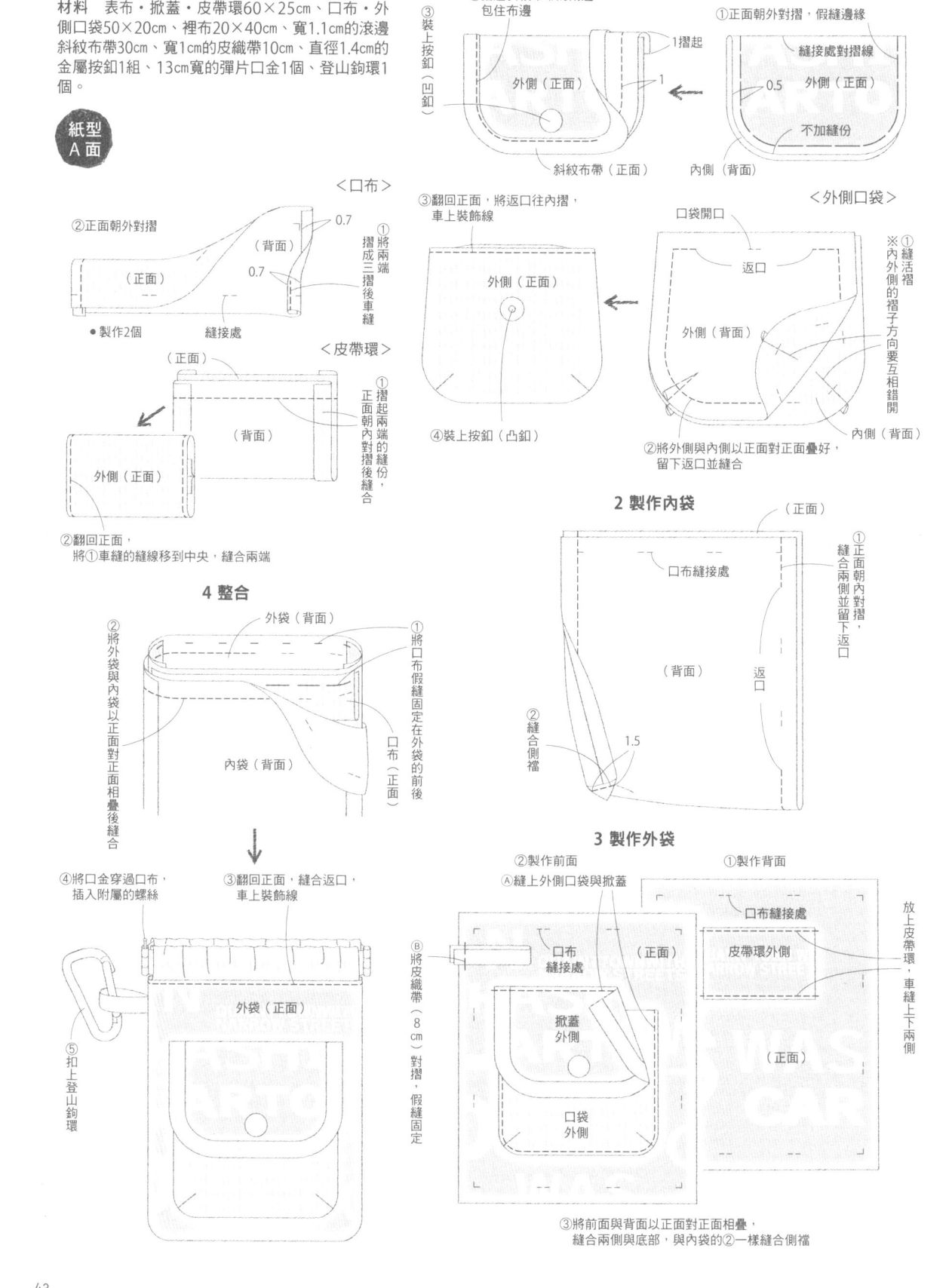

01 彈片口金包 PHOTO P.8

材料 表布・掀蓋・皮帶環60×25cm、口布・外側口袋50×20cm、裡布20×40cm、寬1.1cm的滾邊斜紋布帶30cm、寬1cm的皮織帶10cm、直徑1.4cm的金屬按釦1組、13cm寬的彈片口金1個、登山鉤環1個。

紙型 A面

☆除了指定的部分，縫份皆為1cm

1 製作各部分

<口布>

②正面朝外對摺
（背面）
（正面）
0.7
0.7
①摺成三摺後車縫
縫接處
● 製作2個

<皮帶環>

（正面）
外側（正面）
（背面）
①摺起兩端的縫份，正面朝內對摺後縫合
②翻回正面，將①車縫的縫線移到中央，縫合兩端

③裝上按釦（凹釦）
②摺起斜紋布帶的兩邊，包住布邊
外側（正面）
1摺起
1
斜紋布帶（正面）
內側（背面）

<掀蓋>

①正面朝外對摺，假縫邊緣
縫接處對摺線
外側（正面）
0.5
不加縫份

<外側口袋>

③翻回正面，將返口往內摺，車上裝飾線
外側（正面）
④裝上按釦（凸釦）

口袋開口
返口
外側（背面）
※①縫活褶內外側的褶子方向要互相錯開
①縫活褶
內側（背面）
②將外側與內側以正面對正面疊好，留下返口並縫合

2 製作內袋

（正面）
口布縫接處
（背面）
返口
①正面朝內對摺，縫合兩側並留下返口
②縫合側襠
1.5

3 製作外袋

②製作前面
Ⓐ縫上外側口袋與掀蓋
①製作背面

口布縫接處
（正面）
掀蓋外側
口袋外側

口布縫接處
皮帶環外側
（正面）

Ⓑ將皮織帶（8cm）對摺，假縫固定

放上皮帶環，車縫上下兩側

③將前面與背面以正面對正面相疊，縫合兩側與底部，與內袋的②一樣縫合側襠

4 整合

②將外袋與內袋以正面對正面相疊後縫合
外袋（背面）
①將口布假縫固定在外袋的前後
內袋（背面）
口布（正面）

④將口金穿過口布，插入附屬的螺絲
③翻回正面，縫合返口，車上裝飾線
外袋（正面）
⑤扣上登山鉤環

43

☆除了指定的部分，縫份皆為1cm

2 製作側襠

①製作上側襠

Ⓐ將表布與拉鍊
以正面對正面相疊縫合

表布（正面）
27
裡布（背面）
0.5
2.5

Ⓑ將Ⓐ與裡布以正面
對正面相疊縫合

26cm拉鍊（背面）

Ⓒ翻回正面，車上裝飾線
※另一側也用相同作法縫製

裡布（背面）
表布（正面）
表布（正面）

※布耳的作法參照右圖

Ⓓ製作布耳，右側邊假縫
※左側邊是用假縫固定皮織帶（150cm）

②製作下側襠

※〔　〕的數字是裡布的尺寸

Ⓐ將兩片布以正面對正面相疊，再縫合底部以正面對正面相疊，分開縫份，車上裝飾線

〔59〕
29.5　右側邊
側邊外側口袋
表布（正面）
7〔7〕
5

表布（背面）
口袋開口

Ⓑ假縫上側邊外側口袋，車縫底側

③將下側襠表布與裡布以正面對正面相疊，夾住上側襠，縫合左右側邊

上側襠裡布（正面）
右側邊
下側襠裡布（正面）
下側襠表布（正面）
左側邊
上側襠表布（正面）

④翻回正面，車上裝飾線

← 接續第45頁

02 方形肩背包　PHOTO P.9

材料　前後片表布·側襠表布·右拉鍊口袋表布·端布85×40cm、前後片外側口袋表布·左拉鍊口袋表布65×35cm、側邊外側口袋15×35cm、前後片裡布·側襠裡布·前後片外側口袋裡布·拉鍊口袋裡布75cm的正方形、標籤1張、寬3.8cm的皮織帶1.6m、寬1.1cm的滾邊斜紋布帶1.8m、寬1cm的織帶25cm、26cm拉鍊1條、20cm拉鍊1條、寬3.8cm的方形環1個、寬3.8cm的日字環1個、直徑0.9cm鉚釘1組、喜歡的拉鍊頭裝飾2個。

布耳的作法

方形環
3
Ⓐ將皮織帶穿過方形環後縫合（10cm）
1摺起
Ⓑ為了隱藏皮織帶的縫接處，用織帶（11cm）包住車縫

1 製作各部分

紙型 A面

<側邊外側口袋>
7
（正面）
口袋開口
（背面）
28
②翻回正面，在口袋開口車上裝飾線
①正面朝內對摺縫合

<前、後的外側口袋>
口袋開口
前面外側口袋裡布（背面）
①在表布縫上標籤
②將表布與裡布以正面對正面相疊，縫合口袋開口
表布（正面）

0.5
前面外側口袋表布（正面）
③翻回正面，在口袋開口車上裝飾線
裡布（背面）
※後面外側口袋的作法同②③

<拉鍊口袋>
端布（背面）
20cm拉鍊（正面）
①將拉鍊兩端與端布（長3.5×寬3.5cm）以正面對正面相疊車縫，再將端布摺回正面，車上裝飾線（不加縫份）
端布（正面）
0.5
1

②將左側表布與前面外側口袋上·假縫固定
左側表布（正面）
前面外側口袋表布（正面）
拉鍊縫接處

③將①與②以正面對正面相疊
左側表布（正面）
20cm拉鍊（背面）
左側裡布（背面）
1
④將②與左側裡布以正面對正面相疊，車縫

⑤翻回正面，車上裝飾線
⑥裝上鉚釘
左側表布（正面）
左側裡布（背面）
右側表布（正面）
右側裡布（背面）
左側裡布（背面）
⑦按照③~⑤，將拉鍊的另一邊接上右側表布與右側裡布

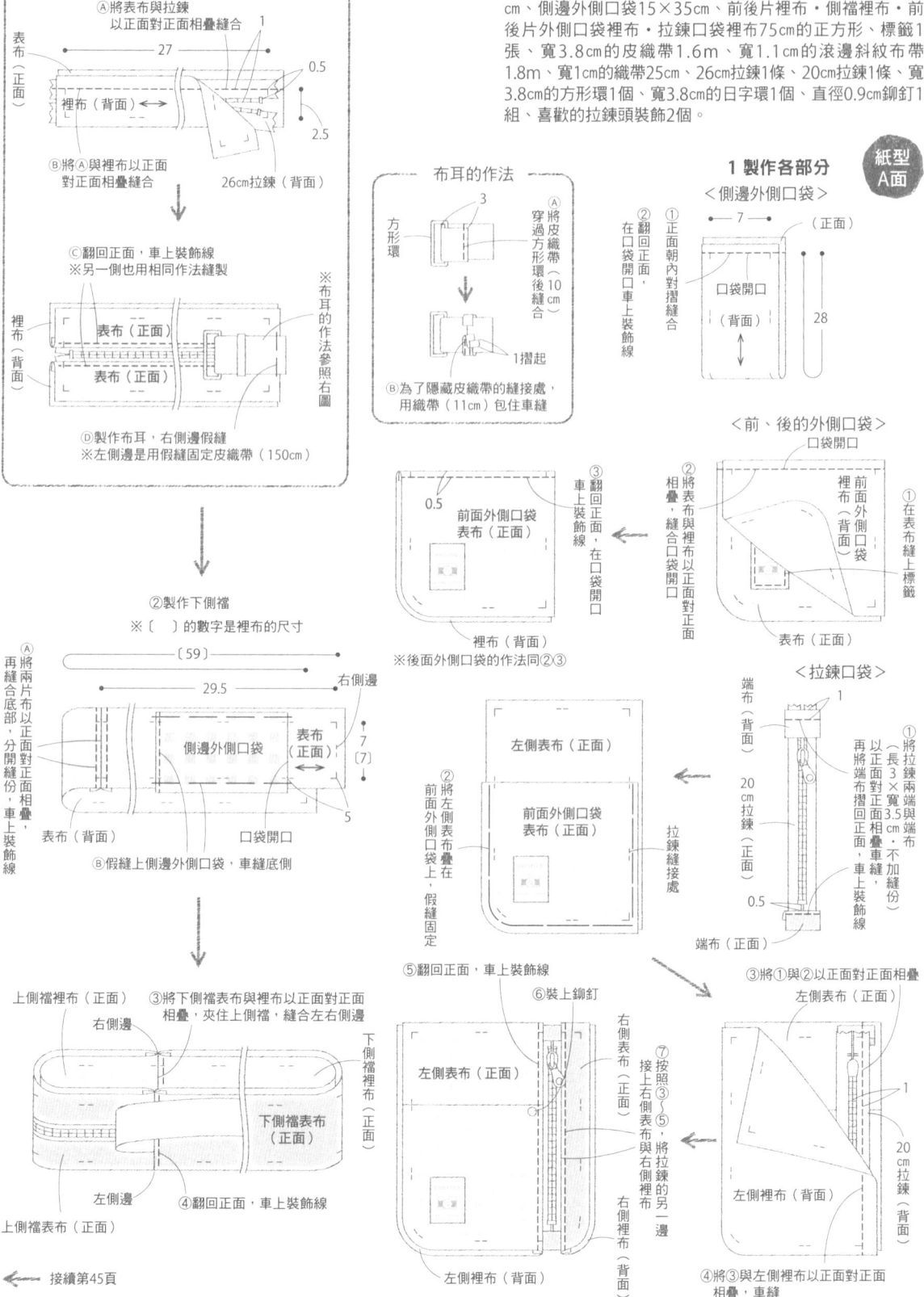

04 方形小背袋 PHOTO P.11

材料 表布a55×25cm、表布b30×25cm、裡布30×60cm、布襯80×25cm、寬1cm的皮織帶15cm、寬0.3cm的皮織帶20cm、20cm拉鍊1條、直徑0.7cm的鉚釘4組、寬1cm的D形環2個、附水滴形鉤環的背帶1條。

☆縫份為0.8cm

1 製作表布與裡布

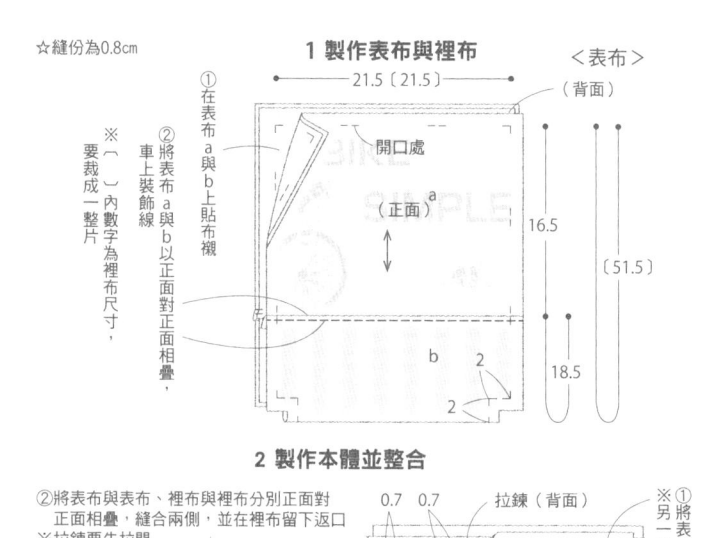

①在表布a與b上貼布襯

②將表布a與b以正面對正面相疊，車上裝飾線

※（ ）內數字為裡布尺寸，要裁成一整片

〈表布〉

21.5〔21.5〕

開口處

（背面）

a

（正面）

16.5

〔51.5〕

b

18.5

2

2

2 製作本體並整合

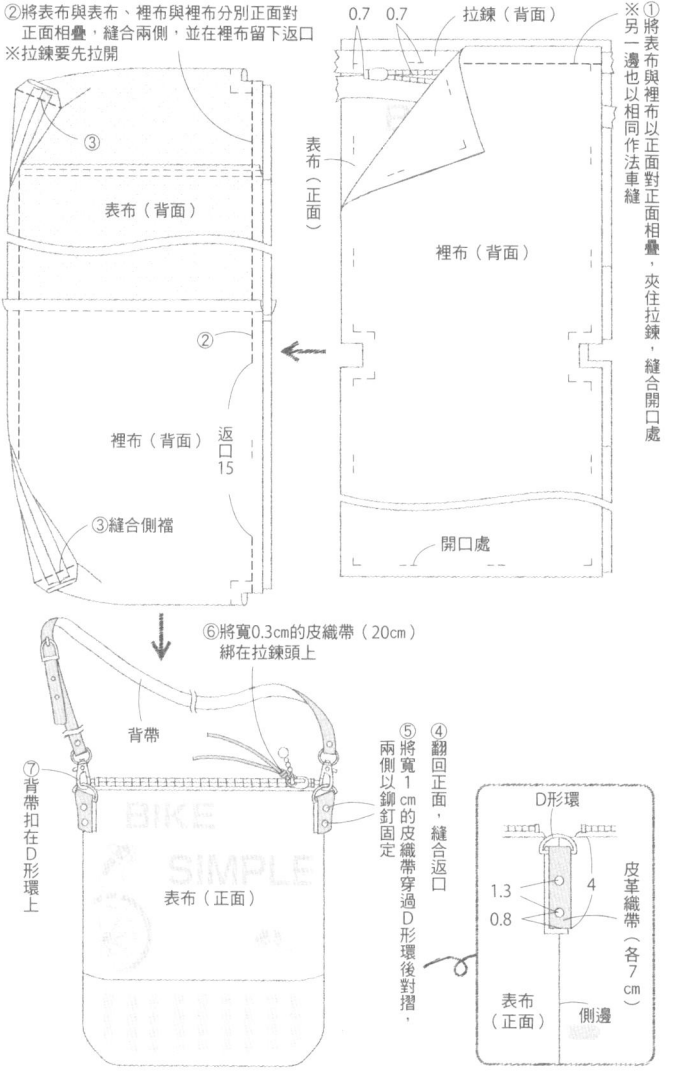

②將表布與表布、裡布與裡布分別正面對正面相疊，縫合兩側，並在裡布留下返口
※拉鍊要先拉開

①將表布與裡布以正面對正面相疊，夾住拉鍊，縫合開口處
※另一邊也以相同作法車縫

0.7 0.7

拉鍊（背面）

表布（正面）

③

表布（背面）

裡布（背面）

②

裡布（背面）
返口15

③縫合側襠

開口處

⑥將寬0.3cm的皮織帶（20cm）綁在拉鍊頭上

⑦背帶扣在D形環上

背帶

BIKE SIMPLE

表布（正面）

⑤兩側以鉚釘固定

④翻回正面，縫合返口

④將寬1cm的皮織帶穿過D形環後對摺

D形環

1.3
0.8
4

皮革織帶（各7cm）

表布（正面）

側邊

3 製作前、後片

①製作後片

裡布（背面）

表布（正面）

後面外側口袋（正面）

將表布與裡布以背面對背面相疊，再重疊後面外側口袋，假縫固定

②製作前片

上表布（背面）

拉鍊口袋（正面）

Ⓐ將拉鍊口袋重疊在下表布上，假縫固定

Ⓐ將Ⓐ與上表布以正面對正面拼接起來

Ⓑ將Ⓐ翻回正面，車上裝飾線

下表布（正面）

Ⓒ和後片一樣，將裡布假縫固定

4 整合

①將前後片與側襠的表布以正面對正面相疊縫合
※拉鍊要先拉開

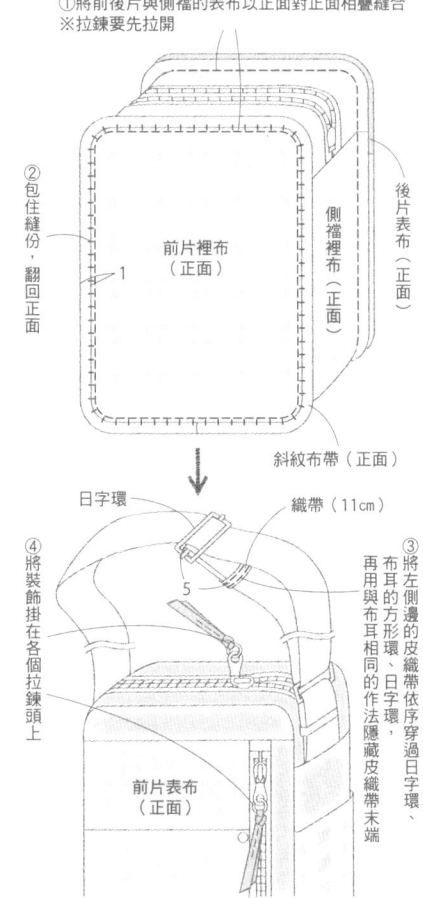

②包住縫份，翻回正面

1

前片裡布（正面）

側襠裡布（正面）

後片表布（正面）

斜紋布帶（正面）

④將裝飾掛在各個拉鍊頭上

日字環

織帶（11cm）

5

④將左側邊的皮織帶依序穿過日字環、布耳的方形環、日字環，再用與布耳相同的作法隱藏皮織帶末端

前片表布（正面）

1 製作表布

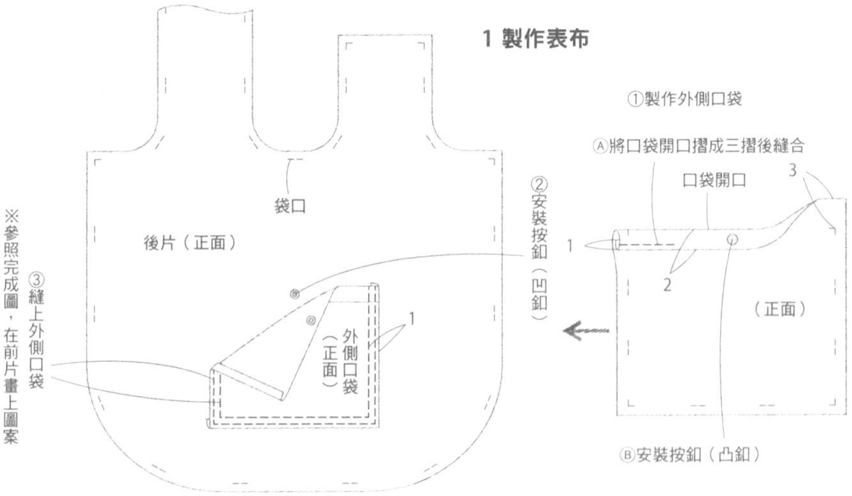

① 製作外側口袋

Ⓐ 將口袋開口摺成三摺後縫合

口袋開口

② 安裝按釦（凹釦）

Ⓑ 安裝按釦（凸釦）

袋口

後片（正面）

※ 參照完成圖，在前片畫上圖案

③ 縫上外側口袋

外側口袋（正面）

（正面）

03 單肩背包

PHOTO P.10

材料　表布・外側口袋寬110cm×1.1m、裡布寬110×90cm、直徑1.2cm按釦1組。

紙型 A面

☆除了指定的部分，縫份皆為1cm

2 製作本體並整合

表布（正面）

裡布（正面）

裡布（正面）

表布（正面）

They

③ 翻回正面，車上裝飾線

② 將表布與裡布以正面對正面相疊，將提把內側到開口處那一圈車縫起來

① 將表布與表布、裡布與裡布分別正面對正面相疊，縫合提把上端，分開縫份

裡布（背面）

開口處

剪牙口

表布（正面）

開口處

裡布（背面）

⑧ 在左右提把外側車上裝飾線

裡布（正面）

表布（正面）

They
LAUGH AT ME
BECAUSE I'M DIFFERENT
because
ALL THE SAME
7.5

⑥ 將表布與表布、裡布與裡布分別正面對正面相疊，在裡布留下返口，車縫兩側

返口

裡布（背面）

表布（背面）

⑦ 翻回正面，縫合返口

裡布（正面）

表布（背面）

裡布（正面）

剪牙口

提把內側

表布（背面）

表布（正面）

④ 將一邊的提把捲成圓形，像要用另一邊的提把包住似地正面對正面相疊，接著車縫提把外側

⑤ 拉出內側的布，翻回正面
※另一邊的提把外側也以相同作法車縫

46

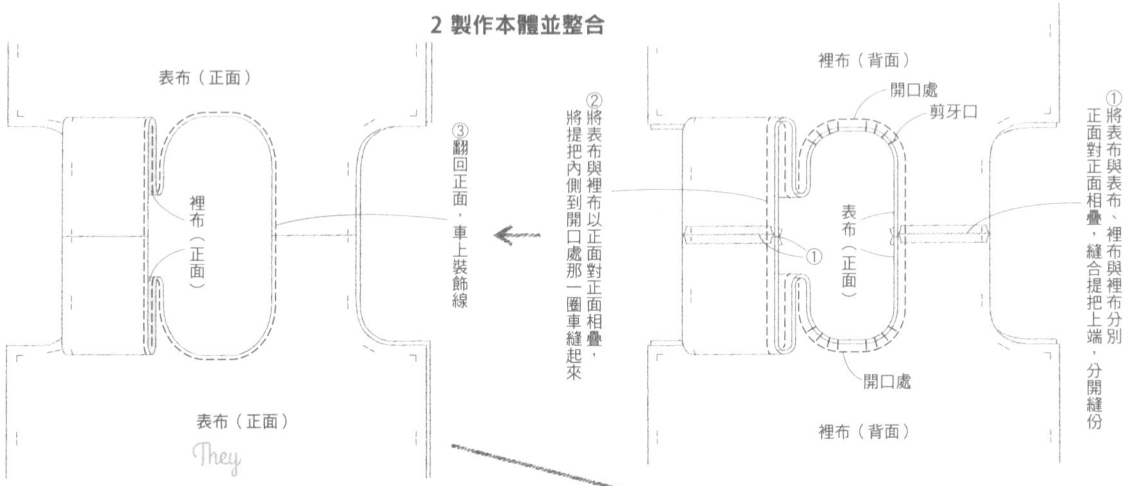

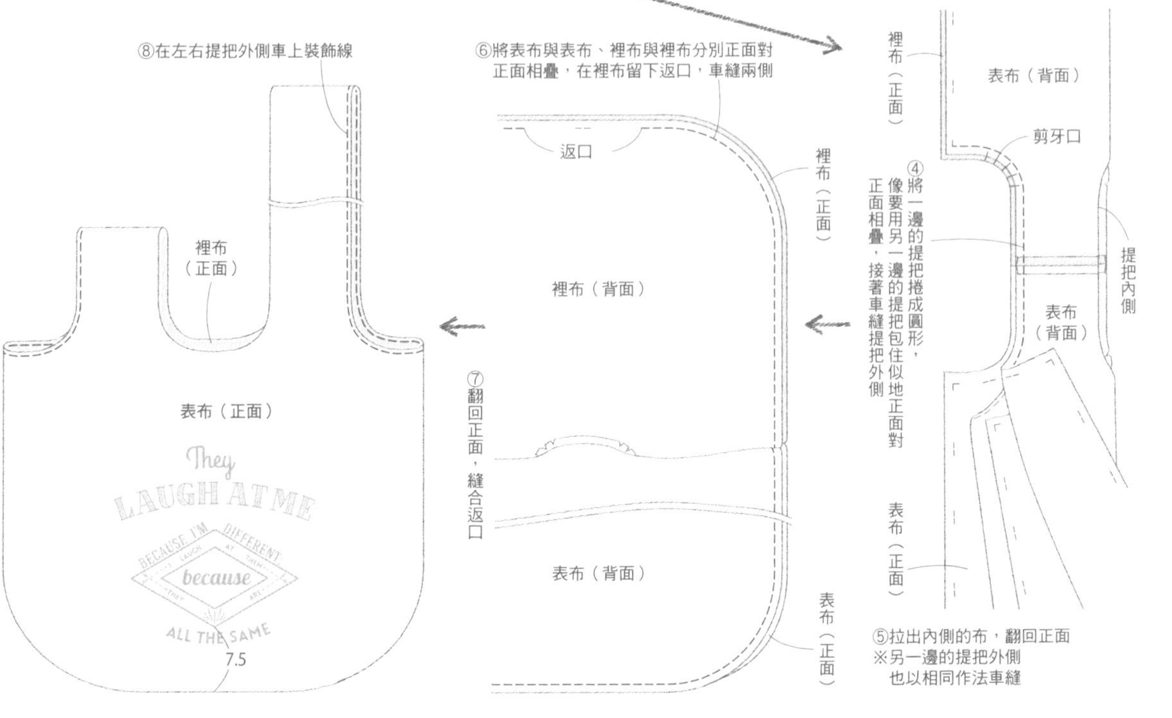

06 月亮隨行包

PHOTO P.13

材料　後片表布用的丹寧布45×25cm、前片表布・口布表布80×25cm、側襠表布・背帶・布耳75×65cm、外側口袋・裝飾皮革25×10cm、側襠裡布用的鋪棉布70×15cm、裡布・內側口袋80×75cm、布襯80×90cm、寬4cm方形環1個、寬4cm日字環1個、直徑0.6cm鉚釘2組、35cm拉鍊1條。

紙型 A面

☆除了指定的部分，縫份皆為1cm

1 製作各部分

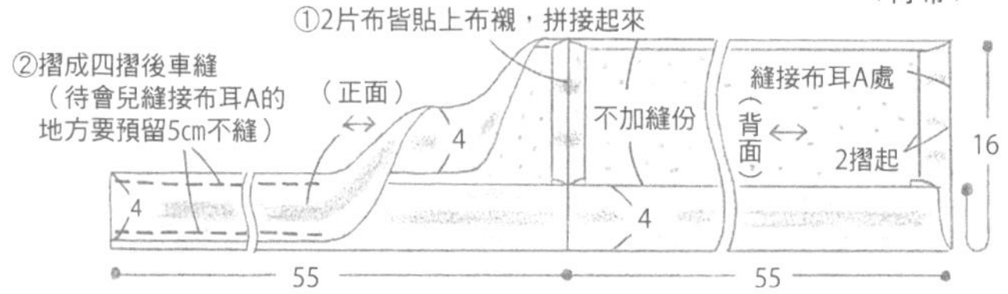

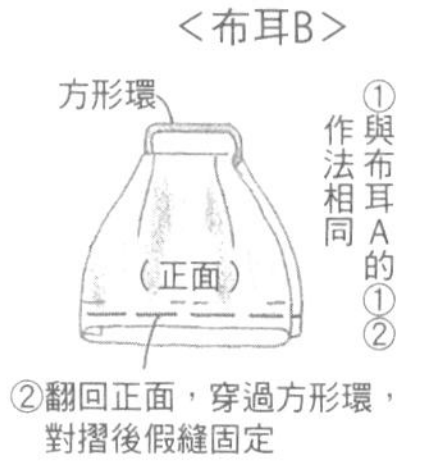

〈背帶〉

①2片布皆貼上布襯，拼接起來

②摺成四摺後車縫（待會兒縫接布耳A的地方要預留5cm不縫）

縫接布耳A處

（背面）

2摺起

16

不加縫份

（正面）

55　　55　　4

〈布耳B〉

方形環

①與布耳A的①作法相同

（正面）

②翻回正面，穿過方形環，對摺後假縫固定

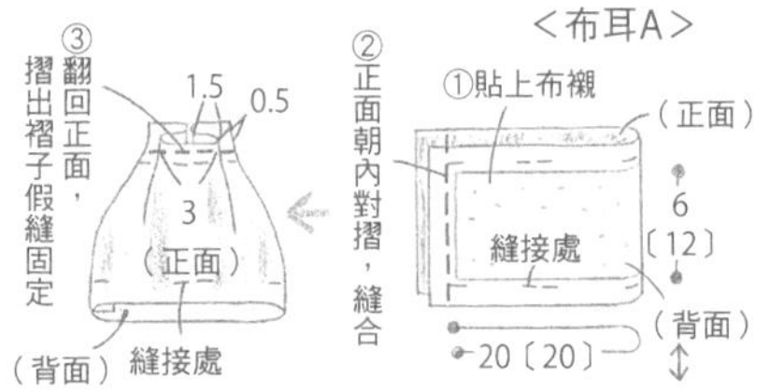

③摺回正面，摺出褶子假縫固定

1.5　0.5

3

（正面）

（背面）　縫接處

〈布耳A〉

①貼上布襯

（正面）

①正面朝內對摺・縫合

縫接處

6〔12〕

（背面）

20〔20〕

※〔 〕內是B的尺寸

2 製作前、後片

〈表布〉

36

口布（正面）　開口處

4.5

後片（正面）

外側口袋（正面）

鉚釘

不加縫份

口袋開口

①在後片貼上布襯，考量版面的均衡感後縫上外側口袋，以鉚釘固定

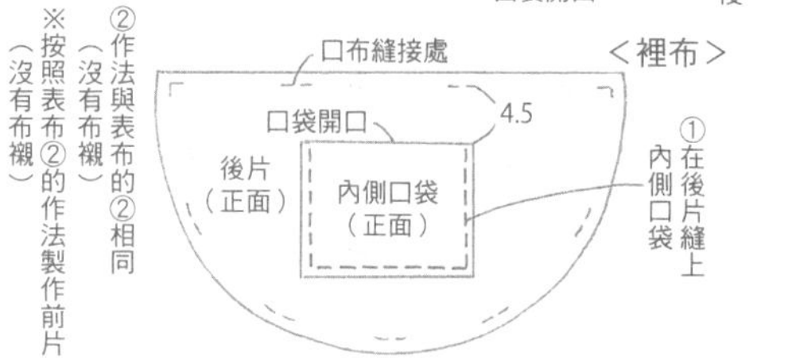

〈裡布〉

口布縫接處

口袋開口　4.5

後片（正面）

內側口袋（正面）

①在後片縫上內側口袋

※按照①②的作法對齊正面、車縫到做記號處（沒有外側口袋）

②口布正面貼上布襯，與①以正面相對

※按照①②的作法製作前片（沒有外側口袋）

②作法與表布的①②相同（沒有布襯）

※按照①②的作法製作前片（沒有布襯）

〈側襠〉

①貼上布襯

布耳A

表布（正面）

開口處

布耳B

開口處

②將布耳A、B以假縫固定

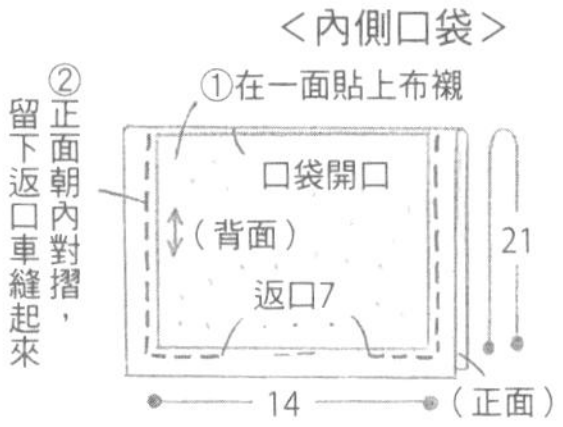

10

61

〈內側口袋〉

①在一面貼上布襯

口袋開口

（背面）

返口7

②正面朝內對摺，留下返口車縫起來

21

14　（正面）

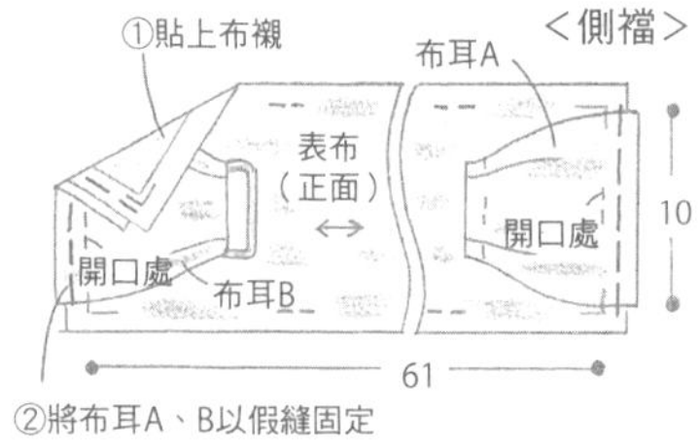

※裡布的裁剪尺寸與表布相同

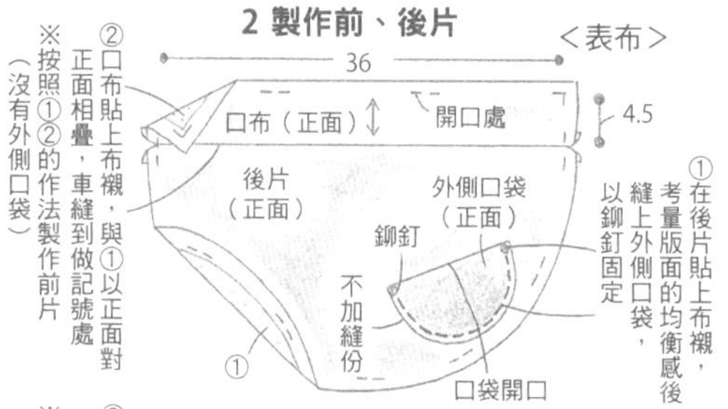

3 整合

③將前後片裡布與側襠裡布以正面對正面相疊，留下返口，車縫到記號處

返口

側襠裡布（背面）

後片裡布（背面）

開口處

後片表布（正面）

①將後片的表布與裡布以正面對正面相疊，夾住拉鍊車縫

後片裡布（背面）

拉鍊（正面）

1　0.5

側襠裡布（背面）

側襠表布（背面）

後片裡布（背面）

後片表布（正面）

側襠表布（背面）

布耳A

前片表布（正面）

前片裡布（背面）

②用與①相同的作法車縫前片

④將前後片表布與側襠表布以正面對正面相疊，車縫到記號處

※拉鍊要先拉開

⑤將側襠表布與裡布以正面對正面相疊，車縫開口處到記號處

※另一邊也用相同作法車縫

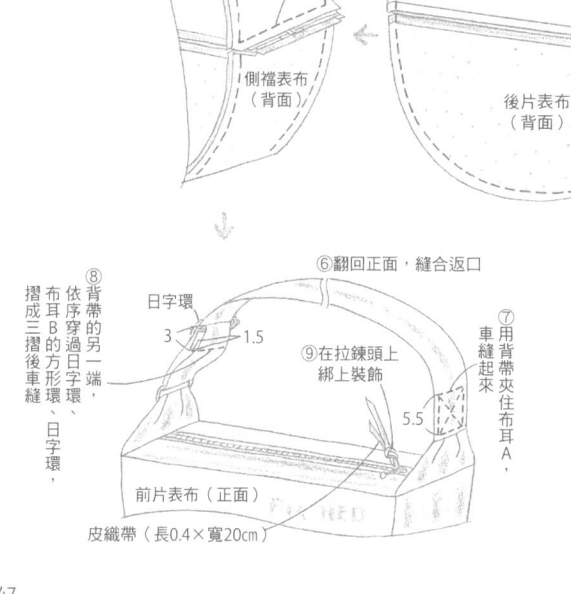

⑧背帶的另一端，依序穿過日字環、布耳B的方形環、日字環，摺成三摺後車縫

日字環

3　1.5

⑥翻回正面，縫合返口

⑨在拉鍊頭上綁上裝飾

⑦用背帶夾住布耳A，車縫起來

5.5

前片表布（正面）

皮織帶（長0.4×寬20cm）

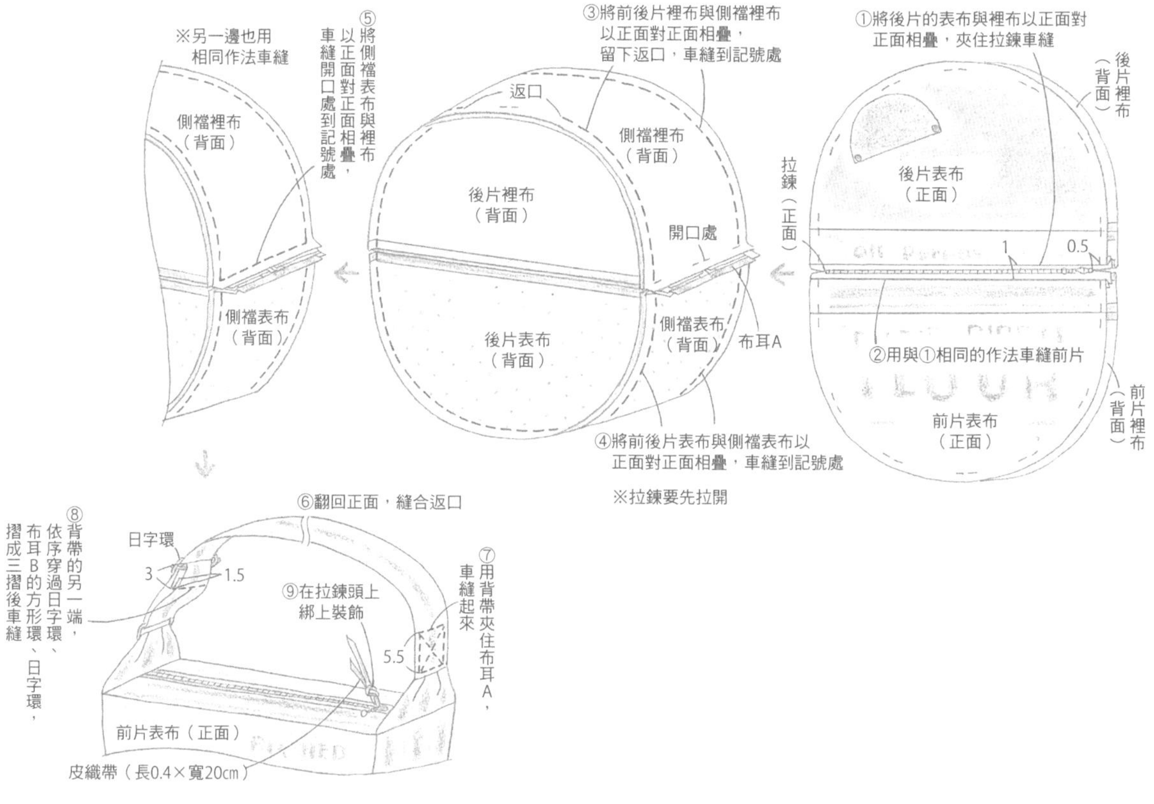

☆除了指定的部分，縫份皆為0.8cm

1 製作各部分

＜內側口袋＞

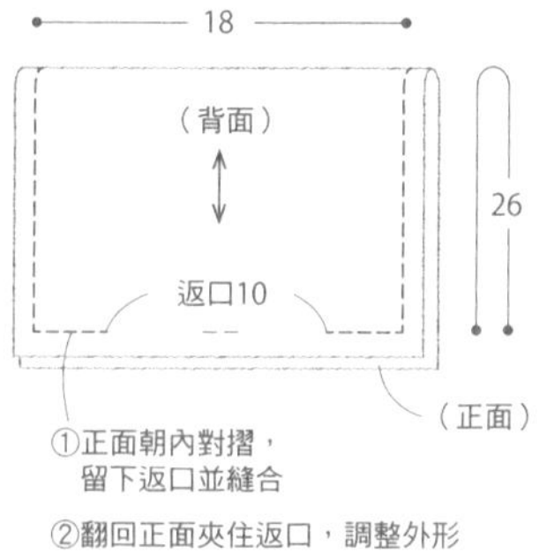

18

（背面）

↕

26

返口10

（正面）

①正面朝內對摺，
留下返口並縫合

②翻回正面夾住返口，調整外形

＜背帶＞

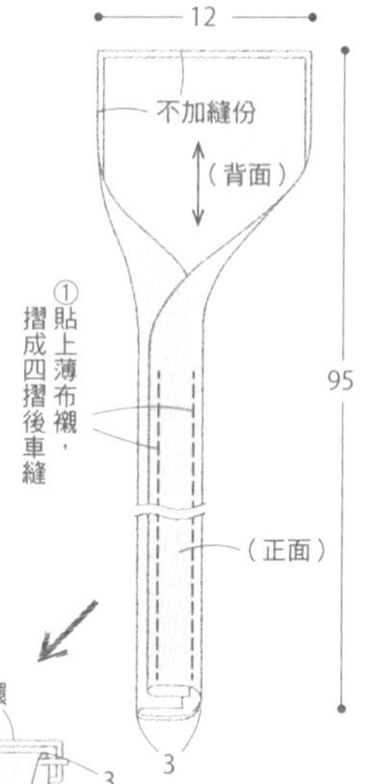

12

不加縫份

（背面）

（正面）

95

①貼上薄布襯，摺成四摺後車縫

日字環

3
1

②一端穿過日字環，摺成三摺後車縫

（正面）

寬4cmD形環

3
1

③另一端穿過水滴形鉤環

④將③依序穿過日字環及D形環，摺成三摺後車縫

水滴形鉤環

（正面）

⑤用相同方式製作另一條

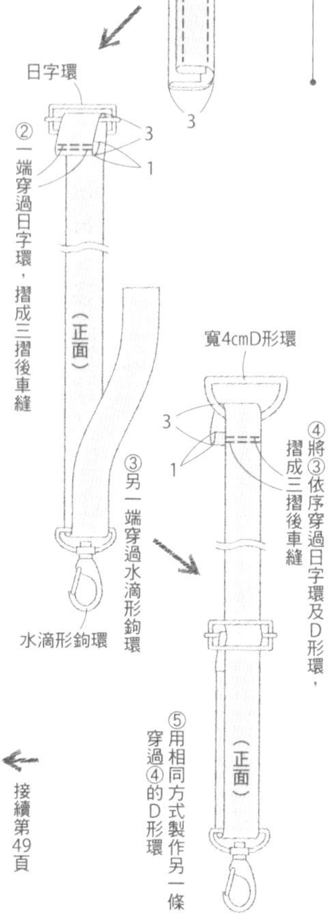

←
接續第49頁

☆除了指定的部分，縫份皆為1cm

＜前側口袋＞

貼邊（背面）
口袋開口

①在貼邊上車布邊，口袋開口以正面對正面相疊，再與口袋開口的正面相疊，車縫在口袋開口上

②剪牙口

0.5

③將貼邊翻回正面，車上裝飾線

（正面）

貼邊（背面）

＜布耳＞

（背面）
1.2
不加縫份

（正面）
4

D形環

穿過D形環後，正面朝外對摺

＜後側口袋＞

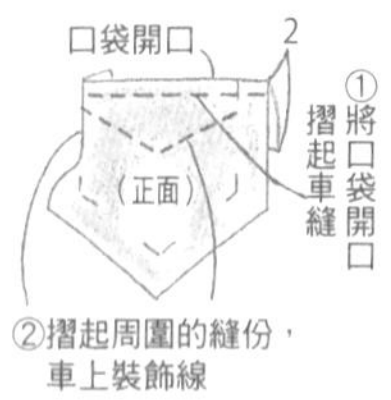

口袋開口
2

①將口袋開口摺起車縫

（正面）

②摺起周圍的縫份，車上裝飾線

＜皮帶環＞

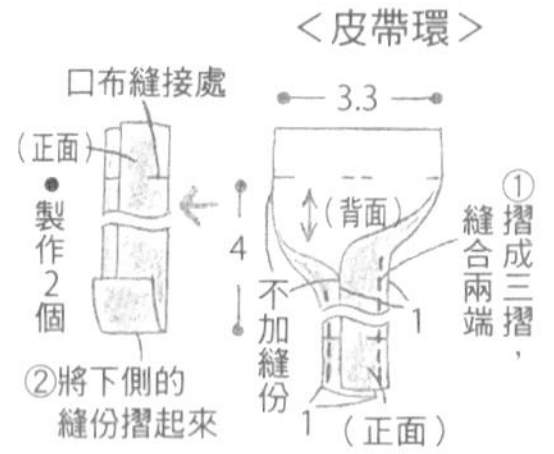

3.3
口布縫接處
（正面）
4
不加縫份
（背面）
製作2個
1
（正面）

①摺成三摺，縫合兩端

②將下側的縫份摺起來

2 製作外袋與內袋

製作後片

ⓒ車上皮帶環，考量配置，縫上皮革標籤

口布　開口處　皮帶環

ⓐ將本體a、c、d拼接起來，車上裝飾線

ⓒ將ⓒ與口布以正面對正面相疊後縫合

a

皮革標籤　d

口袋開口　0.5

ⓑ在本體c上，用後側口袋夾住標籤後車縫

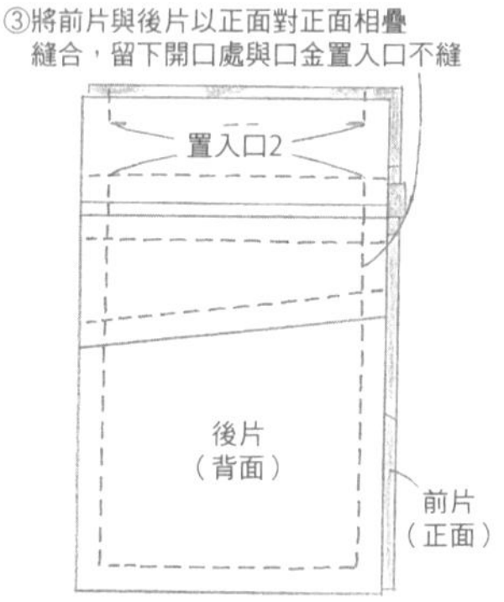

標籤

後側口袋（正面）

＜外袋＞

ⓑ縫上皮帶環，假縫布耳

ⓐ製作前片

口布　開口處　布耳

a

ⓐ將前側口袋疊在本體b上，假縫固定，再與a縫接

皮帶環

b

（正面）

口袋開口

前側口袋

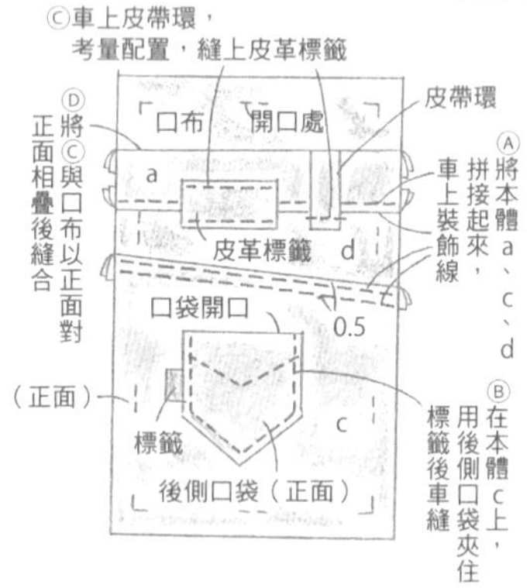

ⓐ將ⓐ與口布以正面對正面相疊後車縫

①製作前片

②製作後片

③將前片與後片以正面對正面相疊縫合，留下開口處與口金置入口不縫

置入口2

後片（背面）

前片（正面）

＜內袋＞

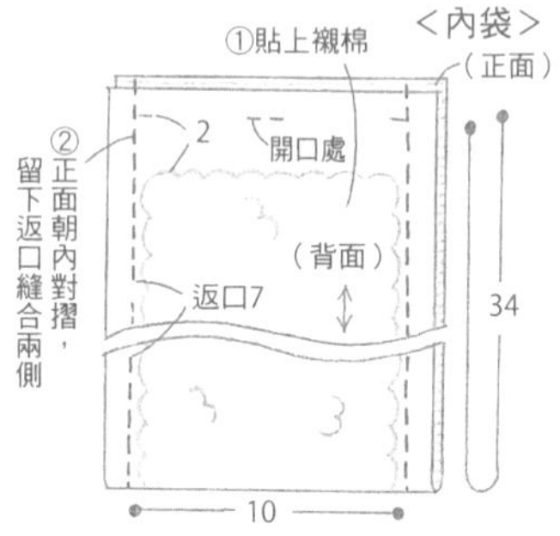

①貼上襯棉

2
開口處
（正面）

②正面朝內對摺，留下返口縫合兩側

（背面）

返口7

↕

34

10

3 整合

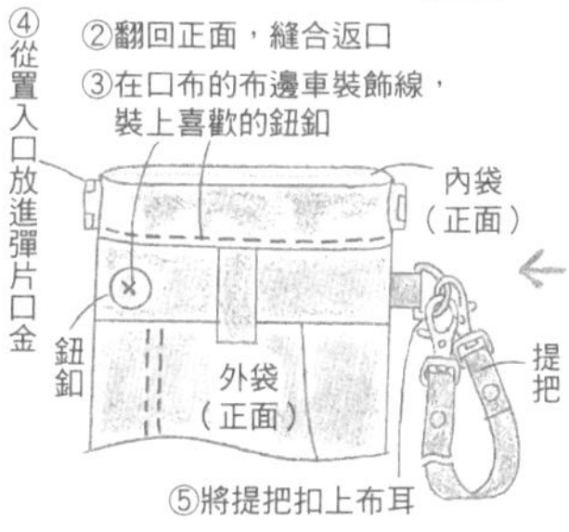

④從置入口放進彈片口金

②翻回正面，縫合返口

③在口布的布邊車裝飾線，裝上喜歡的鈕釦

內袋（正面）

內袋（背面）

鈕釦

外袋（正面）

⑤將提把扣上布耳

外袋（背面）

內袋（正面）

①外袋與內袋以正面相疊，縫合開口處

提把

紙型A面

材料　本體表布a～c・口袋・皮帶環用的丹寧布55×25cm、本體表布d15×10cm、口布15cm的正方形、貼邊15cm的正方形、布耳用的皮革5cm的正方形、本體裡布15×40cm、襯棉15×35cm、喜歡的鈕釦1個、寬1.5cm的D形環1個、皮革標籤1張、標籤1張、長17cm附水滴鉤環的提把1組、寬10cm的彈片口金1個。

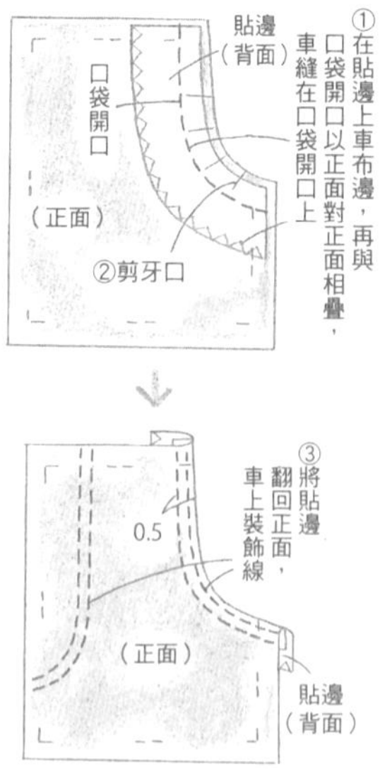

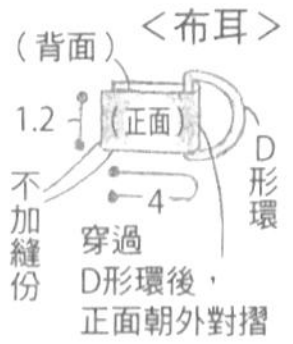

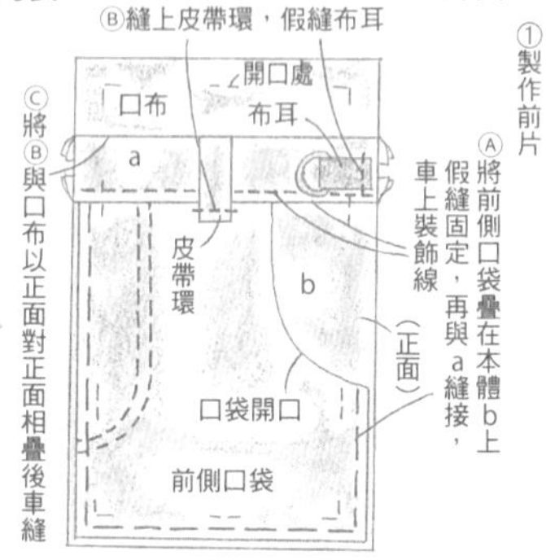

1 製作各部分

07 雙色丹寧布托特包&後背包

PHOTO P.14

材料 表布a・背帶70cm×1m、表布b45×40cm、裡布・內側口袋65×85cm、外側口袋用皮革15cm的正方形、布耳用皮革15×10cm、薄布襯30cm×1m、寬2cm×長25cm合成皮提把1組、寬0.3cm皮織帶20cm、皮革標籤1張、35cm拉鍊1條、直徑0.9cm鉚釘8組、直徑0.6cm鉚釘2組、寬4cmD形環1個、寬2.5cmD形環2個、寬3.2cm日字環2個、寬3.2cm水滴形鉤環2個。

紙型 A面

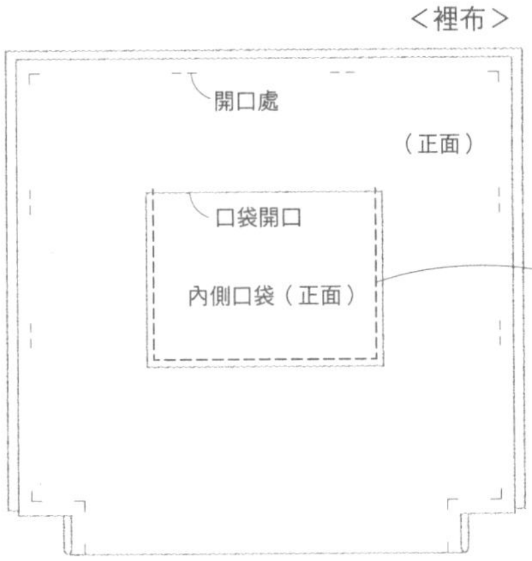

〈裡布〉

開口處

（正面）

口袋開口

內側口袋（正面）

將內側口袋縫在後片上

2 製作表布與裡布

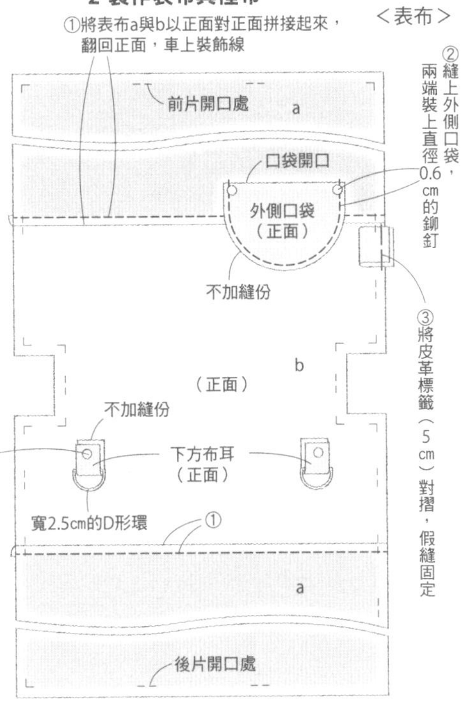

①將表布a與b以正面對正面拼接起來，翻回正面，車上裝飾線

②縫上外側口袋，兩端裝上直徑0.6cm的鉚釘

③將皮革標籤（5cm）對摺，假縫固定

④用D形環穿過下方布耳，對摺布耳，用直徑0.9cm的鉚釘固定（各長6×寬2.5cm）之後，

〈表布〉

前片開口處　a

口袋開口

外側口袋（正面）

不加縫份

（正面）　b

不加縫份

下方布耳（正面）

寬2.5cm的D形環　①

a

後片開口處

3 整合

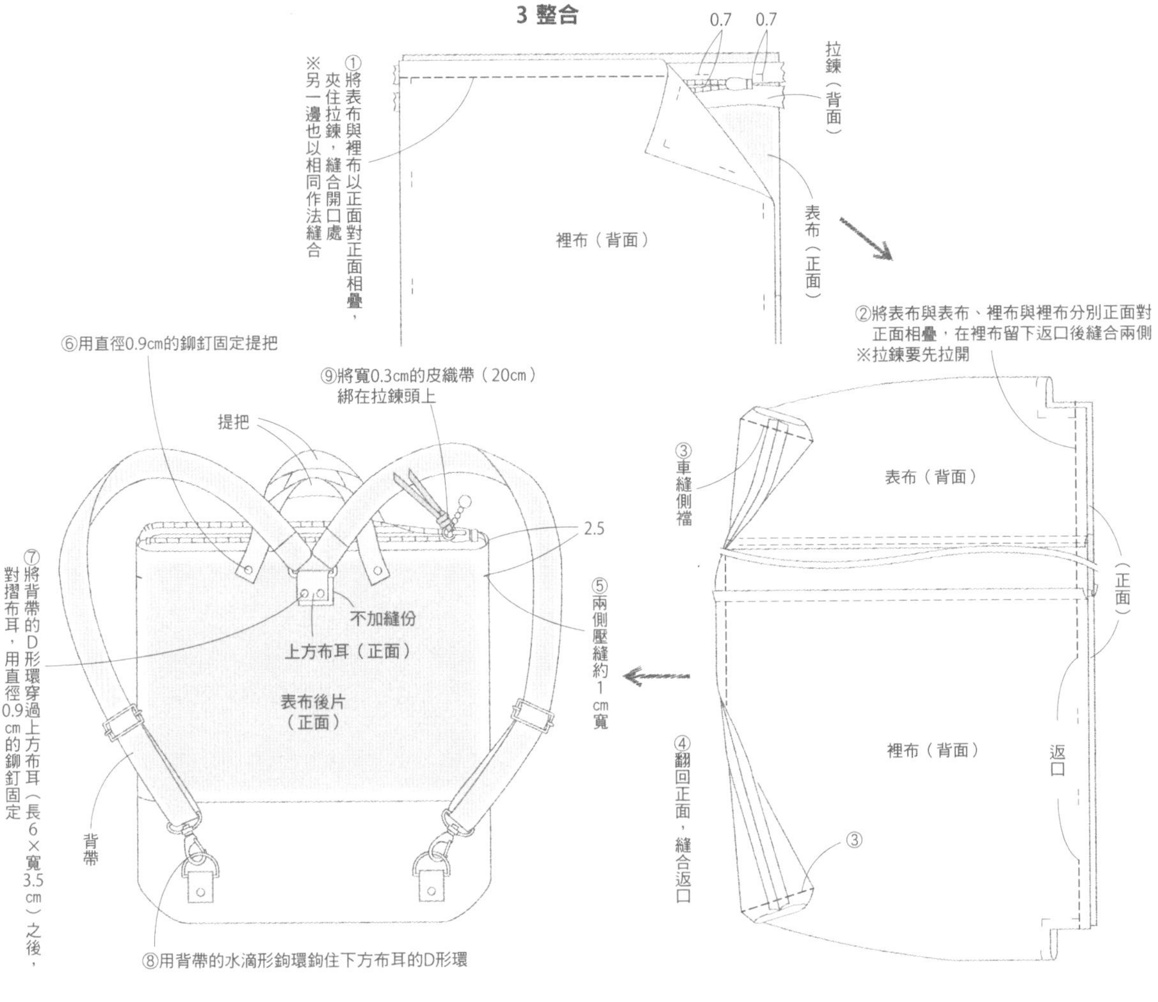

①將表布與裡布以正面對正面相疊，夾住拉鍊，縫合開口處，※另一邊也以相同作法縫合

0.7　0.7

拉鍊（背面）

裡布（背面）

表布（正面）

②將表布與表布、裡布與裡布分別正面對正面相疊，在裡布留下返口後縫合兩側
※拉鍊要先拉開

③車縫側襠

表布（背面）

（正面）

⑤兩側壓縫約1cm寬

④翻回正面，縫合返口

裡布（背面）

返口

③

⑥用直徑0.9cm的鉚釘固定提把

⑨將寬0.3cm的皮織帶（20cm）綁在拉鍊頭上

提把

2.5

⑦將背帶的D形環穿過上方布耳，用直徑0.9cm的鉚釘固定（長6×寬3.5cm）之後，

不加縫份

上方布耳（正面）

表布後片（正面）

背帶

⑧用背帶的水滴形鉤環鉤住下方布耳的D形環

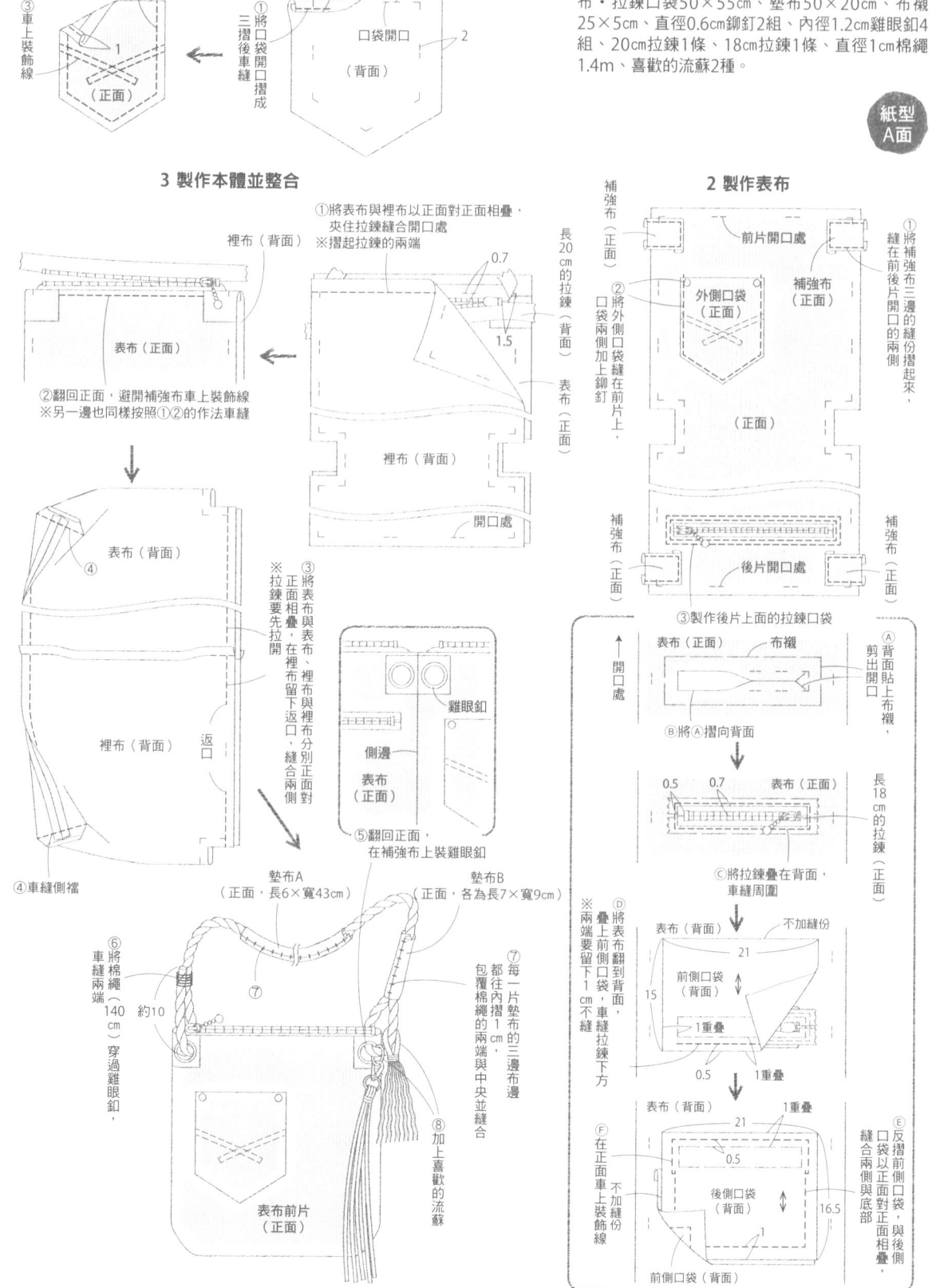

'10 棉繩背帶小包包　PHOTO P.16

1 製作外側口袋

☆除了指定的部分，縫份皆為1cm

材料　表布・外側口袋・補強布45×55cm、裡布・拉鍊口袋50×55cm、墊布50×20cm、布襯25×5cm、直徑0.6cm鉚釘2組、內徑1.2cm雞眼釦4組、20cm拉鍊1條、18cm拉鍊1條、直徑1cm棉繩1.4m、喜歡的流蘇2種。

紙型A面

3 製作本體並整合

2 製作表布

☆縫份皆為0.8cm

材料 表布a、後面外側口袋表布寬110cm×60cm、表布b40×60cm、裡布‧後面外側口袋裡布80cm的正方形、前面外側口袋‧內側口袋50×40cm、布耳布15×10cm、布襯50×40cm、寬1.5cm皮織帶20cm、寬2.5cm魔鬼氈10cm、30cm拉鍊1條、寬1.5cmD形環2個、寬1.2cmD形環2個、直徑0.5cm鉚釘8組、短徑5×長徑11cm的橢圓形提把1組、附水滴形鉤環的背帶1條。

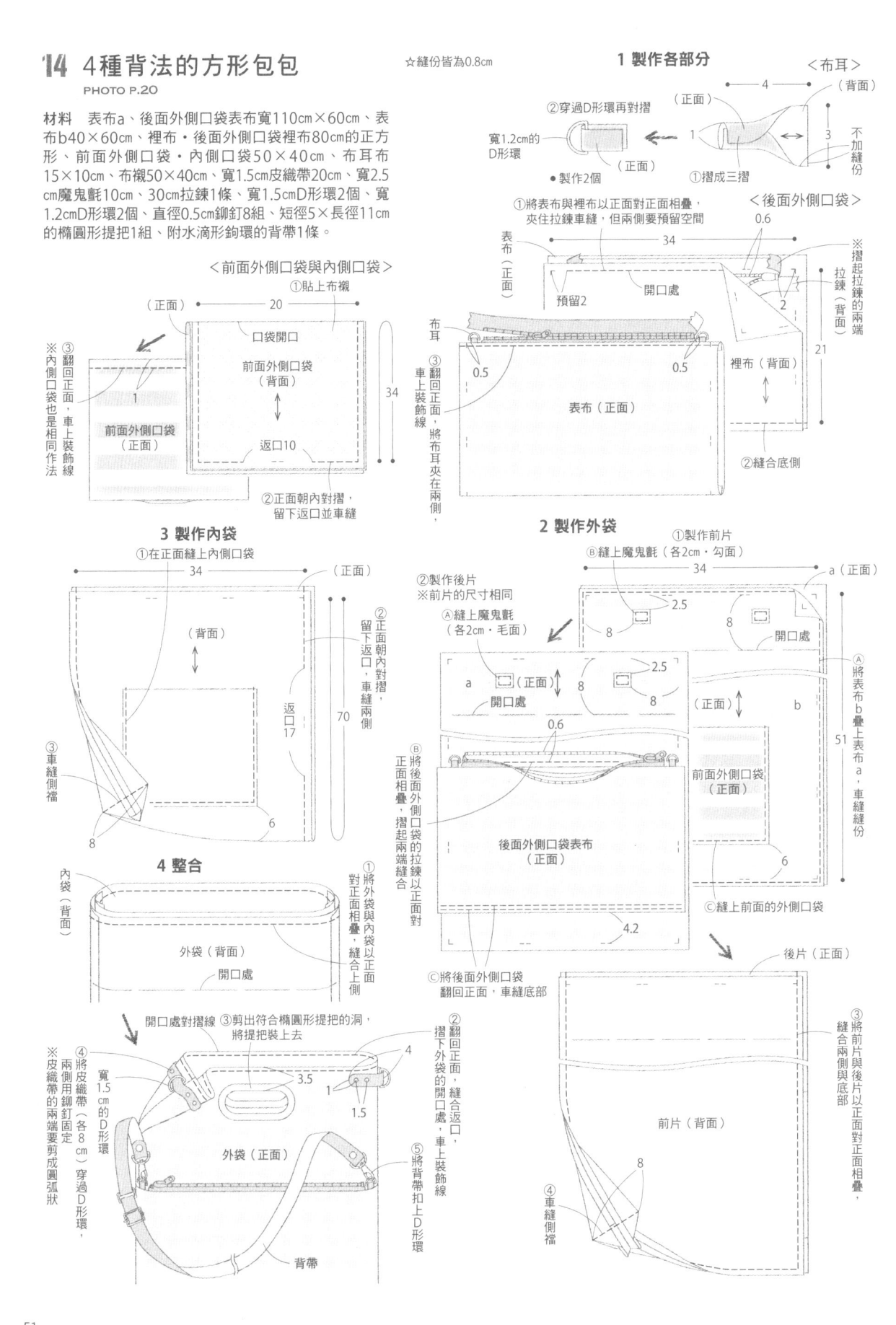

1 製作掀蓋

①將表布與裡布以正面對正面相疊，留下返口縫合
②翻回正面，縫合返口
③車上裝飾線
④縫上魔鬼氈

裡布（背面）　正面表布
35
返口10
32
縫接處
0.8
3.5　10　10　3.5
2.5　1　2.5
裡布（正面）

2 製作側襠

<口袋b>·製作2個

口袋開口
（正面）
Ⓑ
Ⓒ
1.5
②
口袋b（正面）
①製作口袋b，重疊於側襠上並車縫
16
活褶
3　3　2.5
14
②假縫固定

Ⓐ縫份往內摺，摺出活褶後假縫
Ⓑ口袋開口摺成三摺後車縫
Ⓒ將鬆緊帶（各10cm）穿過去，車縫起來

側襠（正面）
8
7
92
口袋b（正面）
7
開口處
開口處

3 整合

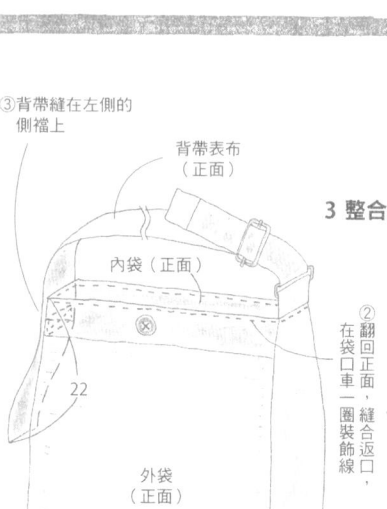

③背帶縫在左側的側襠上
背帶表布（正面）
內袋（正面）
22
外袋（正面）
②翻回正面，縫合返口，在袋口車一圈裝飾線

---

12 大型毛呢肩背包
PHOTO P.18

材料　前後片表布a·內側口袋用毛呢布90×60cm、側襠表布·背帶表布·布耳表布30cm×1.5m、前後片表布b·裡布用丹寧布75cm×1.5m、厚布襯60cm×1.2m、直徑3cm鈕釦1個、直徑1.8cm磁扣1組、寬5cm日字環1個、寬5cm方形環1個、標籤1張。

紙型A面

☆除了指定的部分，縫份皆為1cm

1 製作各部分

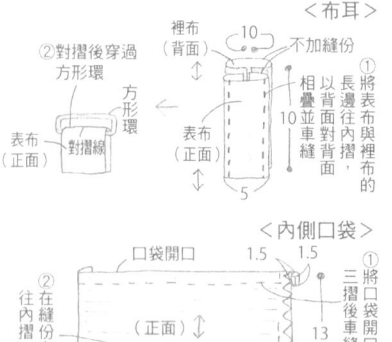

<背帶>
表布（正面）
10
裡布（背面）
不加縫份
140
5
1.5
將一側的短邊往內摺
①縫法同布耳的①
布耳
③摺成三摺後車縫
裡布（正面）
②依序穿過日字環、方形環、布耳的方形環、日字環
4　日字環
表布（正面）

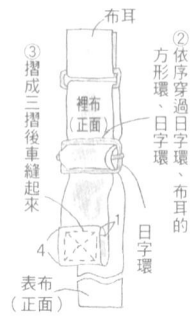

<布耳>
裡布（背面）
10
不加縫份
②對摺後穿過方形環
方形環
表布（正面）
對摺線
①將表布與裡布的相疊，以長邊往背面對摺，背面並車縫
10
5

<內側口袋>
口袋開口
1.5　1.5
①將口袋開口三摺後車縫
（正面）
②在縫份上車布邊
往內摺
13
1.5
22

2 製作外袋與內袋

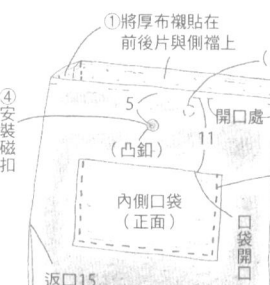

<內袋>
①將厚布襯貼在前後片與側襠上
（凹釦）
前片（背面）
開口處
5
11
④安裝磁扣
（凸釦）
內側口袋（正面）
口袋開口
側襠（正面）
返口15
後片（正面）
③將前後片與側襠以正面對正面相疊，留下返口後縫合
②在後片上面縫內側口袋

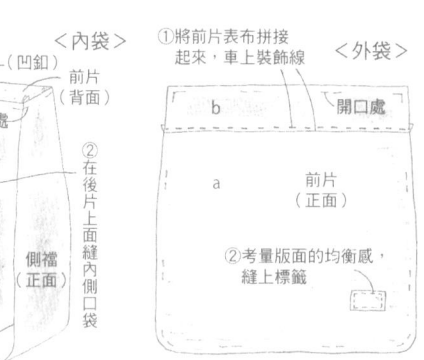

<外袋>
①將前片表布拼接起來，車上裝飾線
開口處
b
a
前片（正面）
②考量版面的均衡感，縫上標籤
※後片的作法同①

後片（背面）
3
④縫上鈕釦
前片（正面）
③將前片與側襠以正面對正面相疊後車縫，翻回正面，車上裝飾線
側襠正面
開口處

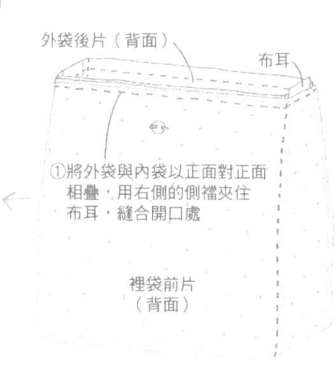

外袋後片（背面）
布耳
①將外袋與內袋以正面對正面相疊，用右側的側襠夾住布耳，縫合開口處
裡袋前片（背面）

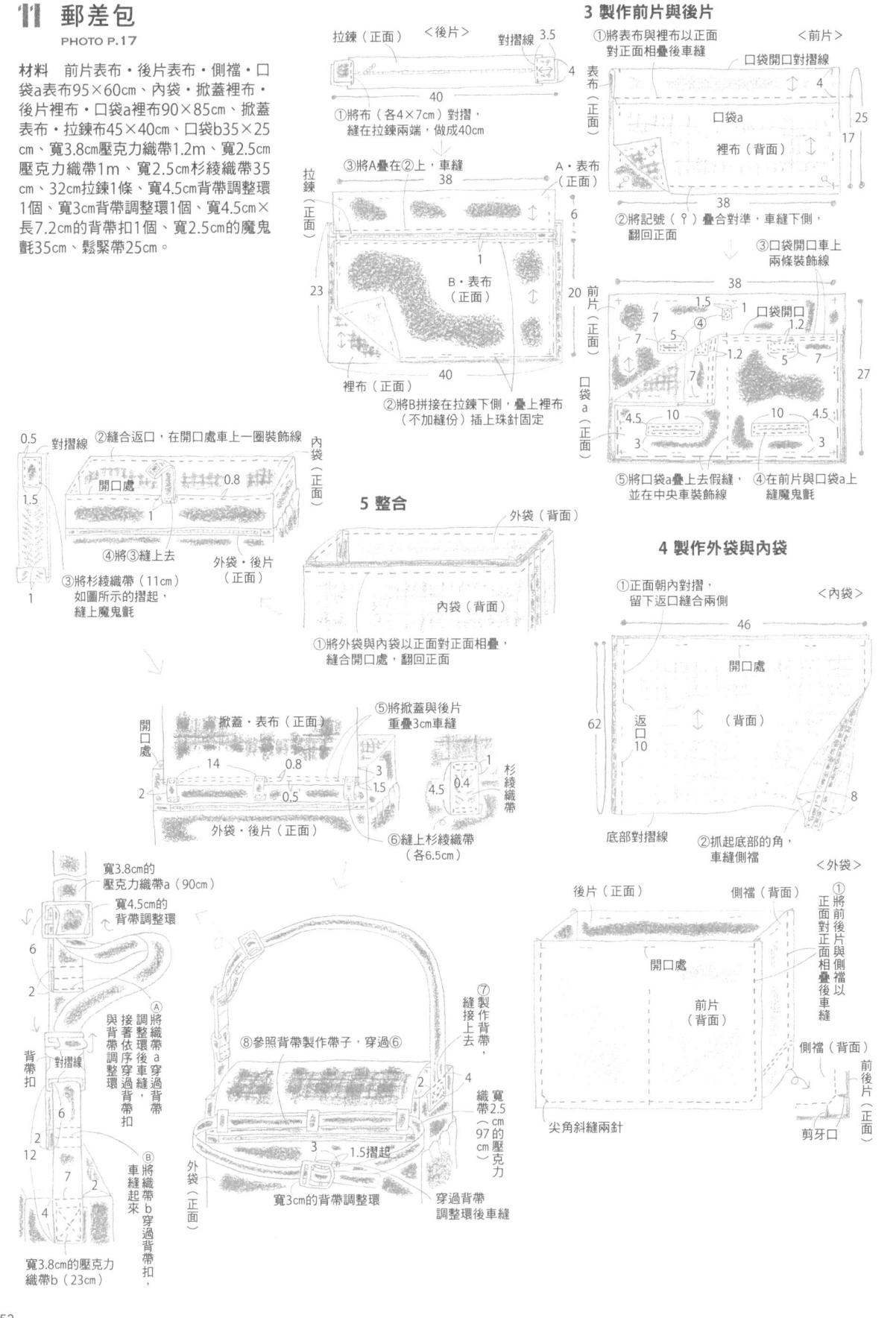

11 郵差包

PHOTO P.17

材料　前片表布・後片表布・側襠・口袋a表布95×60cm、內袋・掀蓋裡布・後片裡布・口袋a裡布90×85cm、掀蓋表布・拉鍊布45×40cm、口袋b35×25cm、寬3.8cm壓克力織帶1.2m、寬2.5cm壓克力織帶1m、寬2.5cm杉綾織帶35cm、32cm拉鍊1條、寬4.5cm背帶調整環1個、寬3cm背帶調整環1個、寬4.5cm×長7.2cm的背帶扣1個、寬2.5cm的魔鬼氈35cm、鬆緊帶25cm。

16 寬提把的大托特包

PHOTO P.22

紙型 B面

材料 表布a60×30cm、表布b60×30cm、表布c用帆布80cm×1.1m、裡布d用帆布60cm×1m、裡布e60cm×1m、外側口袋用2種皮革布各20cm的正方形、貼布1片、布襯60cm的正方形、底板用厚0.3cm皮革布35×20cm、寬1cm織帶80cm、直徑0.7cm鉚釘18組、皮革用手縫線。

☆除了指定的部分，縫份皆為1cm

2 製作內側口袋、提把、背帶

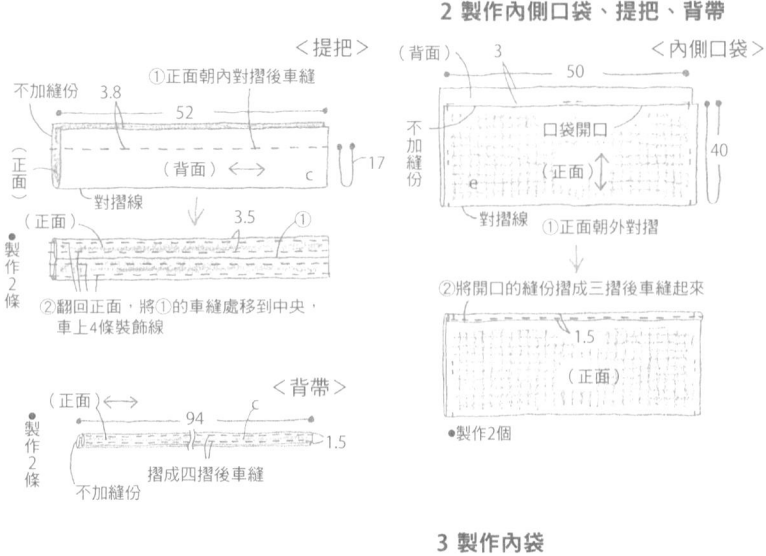

〈提把〉
①正面朝內對摺後車縫
不加縫份 3.8
52
（正面）
（背面）←→ c
17
對摺線
●製作2條
3.5
①
②翻回正面，將①的車縫處移到中央，車上4條裝飾線

〈背帶〉
（正面）←→
94 c
1.5
摺成四摺後車縫
不加縫份
●製作2條

〈內側口袋〉
（背面）3
50
不加縫份
口袋開口
（正面）↕
40
e
對摺線
①正面朝外對摺
②將開口的縫份摺成三摺後車縫起來
1.5
（正面）
（正面）
●製作2個

1 製作外袋

③縫上貼布，縫四角固定
3
④疊上外側口袋，用皮革用手縫線縫上去
①在a與b上貼布襯
②將c疊在①上，車上2條裝飾線
開口處
a
0.5
（正面）
c
b
開口處
3
①
⑤在口袋開口兩側裝上鉚釘
⑥正面朝內對摺，車縫兩側
（正面）
（背面）
⑧將袋口的縫份往下摺
⑦車縫側襠

3 製作內袋

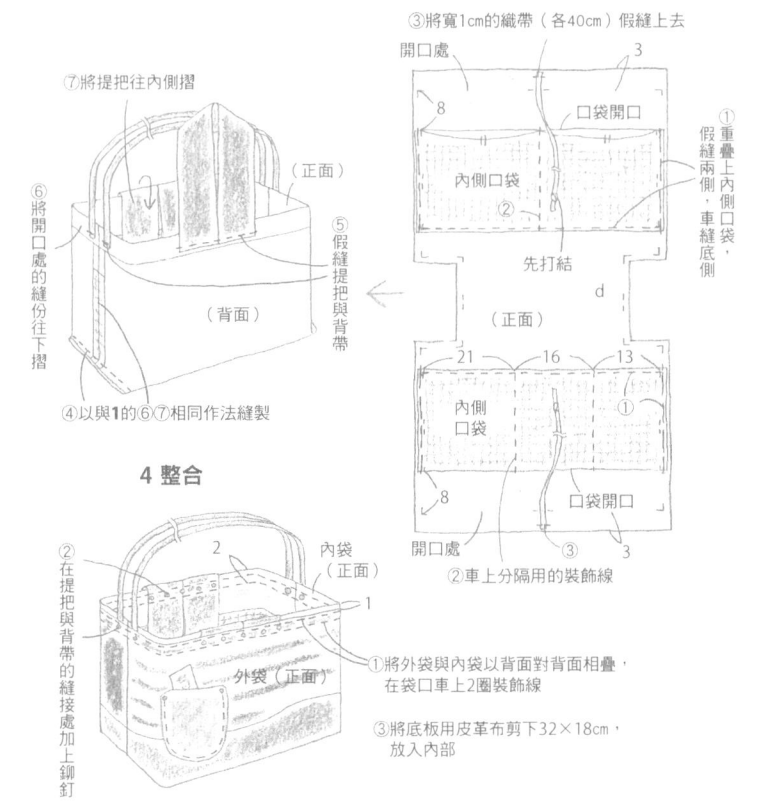

③將寬1cm的織帶（各40cm）假縫上去
開口處 3
8
口袋開口
內側口袋
②
①重疊上內側口袋，假縫兩側，車縫底側
先打結
（正面）
d
21 16 13
內側口袋
①
8
口袋開口
開口處 3
②車上分隔用的裝飾線

⑦將提把往內側摺
（正面）
⑥將開口處的縫份往下摺
⑤假縫提把與背帶
（背面）
④以與1的⑥⑦相同作法縫製

4 整合

②在提把與背帶的縫接處加上鉚釘
內袋（正面）
2
1
外袋（正面）
①將外袋與內袋以背面對背面相疊，在袋口車上2圈裝飾線
③將底板用皮革布剪下32×18cm，放入內部

15 成熟典雅的單肩後背包

PHOTO P.21

☆除了指定的部分，縫份皆為0.7cm

1 製作各部分

材料 前片表布c・上側襠表布a・外側口袋表布・掀蓋表布・布耳A表布70×30cm、前片表布d・後片表布・上側襠表布b・下側襠表布・布耳A裡布・布耳B用帆布75×35cm、掀蓋裡布・外側口袋裡布20cm的正方形、裡布60×50cm、布襯60×25cm、寬3cm織帶1.6m、寬4.5cm方形環1個、寬4.5cm日字環1個、直徑1cm按釦1組、30cm拉鍊1條、喜歡的裝飾。

紙型
A面

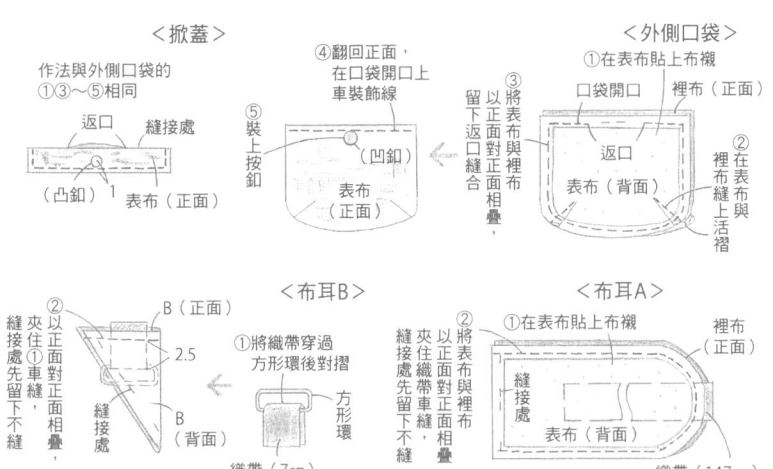

＜掀蓋＞

作法與外側口袋的①③～⑤相同

返口　縫接處

（凸釦）1　表布（正面）

④翻回正面，在口袋開口上車裝飾線

⑤裝上按釦

（凹釦）

以正面對正面相疊縫合，留下返口

表布（正面）

＜外側口袋＞

①在表布貼上布襯

口袋開口　裡布（正面）

③將表布與裡布以正面對正面相疊

返口

表布（背面）

②在表布與裡布縫上活褶

＜布耳B＞

B（正面）

2.5

①將織帶穿過方形環後對摺

方形環

織帶（7cm）

②以正面對正面相疊車縫，夾住正面縫接處先留下不縫

縫接處

B（背面）

＜布耳A＞

②以正面對正面相疊，夾住織帶車縫，縫接處先留下不縫

①在表布貼上布襯

裡布（正面）

縫接處

表布（背面）

織帶（147cm）

---

2 製作側襠

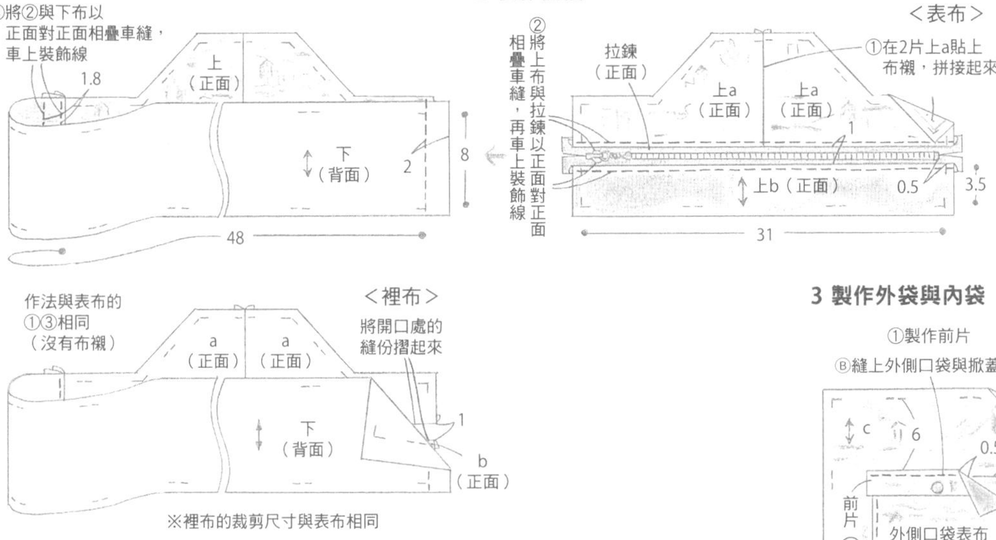

③將②與下布以正面對正面相疊車縫，車上裝飾線

1.8

上（正面）

2

下（背面）

8

48

②相疊車縫，再車上裝飾線

②將上布與拉鍊以正面對正面

拉鍊（正面）

上a（正面）　上a（正面）

＜表布＞

①在2片上a貼上布襯，拼接起來

1

下b（正面）

0.5　3.5

31

作法與表布的①③相同（沒有布襯）

＜裡布＞

a（正面）　a（正面）

將開口處的縫份摺起來

下（背面）

1

b（正面）

※裡布的裁剪尺寸與表布相同

---

3 製作外袋與內袋

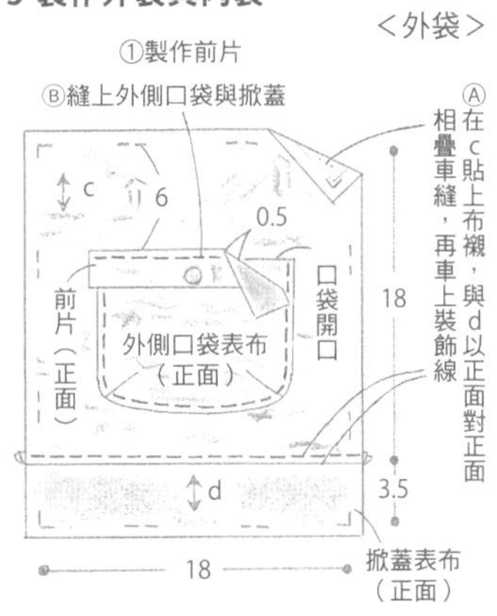

①製作前片

Ⓑ縫上外側口袋與掀蓋

＜外袋＞

Ⓐ在c貼上布襯，與d以正面對正面相疊車縫，再車上裝飾線

c　6

0.5

前片（正面）

外側口袋表布（正面）

口袋開口

18

3.5

18

掀蓋表布（正面）

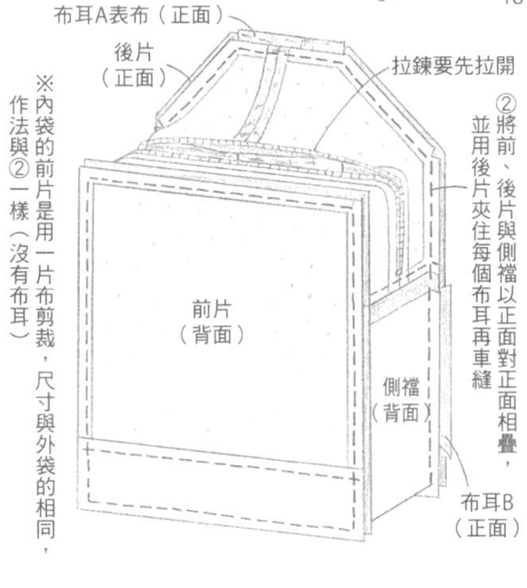

d

---

4 整合

②在後片車上裝飾線

①將外袋與內袋以正面對正面相疊，將內袋鎖縫在拉鍊上

布耳A

③布耳BA摺成三摺後車縫，布耳BA的織帶一端依序穿過方形環、日字環

內袋（正面）

外袋後片（正面）

2

日字環

6

2

方形環

④裝上喜歡的裝飾

布耳B

後片（正面）

拉鍊要先拉開

※內袋的前片是用一片布剪裁，尺寸與外袋的相同，作法與②一樣（沒有布耳）

③將前、後片與側襠夾住每個布耳以正面對正面再車縫

前片（背面）

側襠（背面）

布耳B（正面）

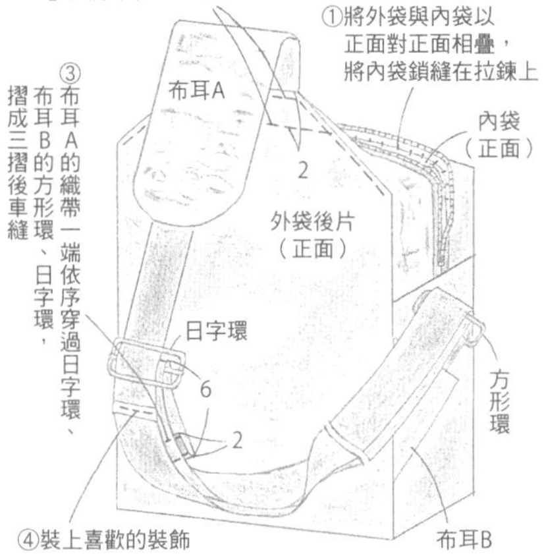

13 卡套小包包 PHOTO P.19

材料　前後片・下側襠30×20cm、上側襠25×20cm、提把10cm的正方形、卡套用合成皮20×15cm、塑膠片15×10cm、貼布1片、寬4cm斜紋布帶75cm、寬1.5cm皮織帶15cm、寬1cm魔鬼氈3cm、15cm拉鍊1條、寬1.3cmD形環1個、直徑0.6cm鉚釘4組、附伸縮水滴鉤環的帶子1條。

紙型 A面

☆除了指定的部分，縫份皆為1cm

2 製作前後片

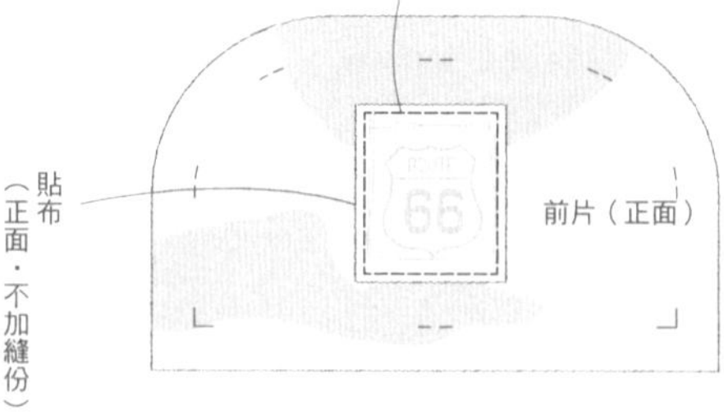

縫上貼布

貼布（正面・不加縫份）

前片（正面）

1 製作側襠

①製作上側襠

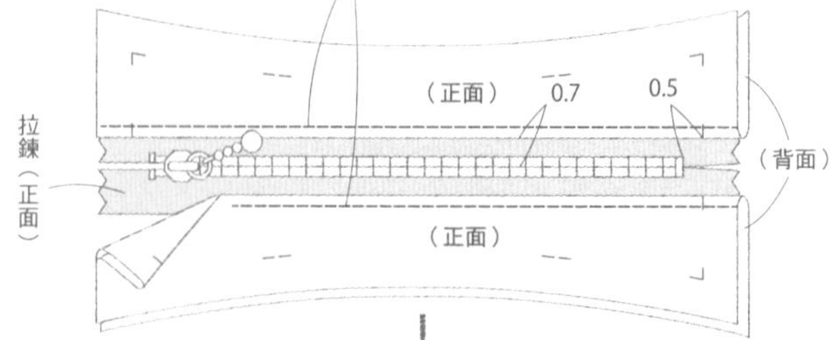

正面朝外對摺，疊上拉鍊，車縫

拉鍊（正面）

（正面）　0.7　0.5

（背面）

（正面）

3 整合

①將前後片與側襠以正面對正面相疊，按照ⓐⓑ的順序車縫
※拉鍊要先拉開

斜紋布帶（正面）

1

②將縫份包邊

側襠（背面）

ⓑ

ⓐ

前後片（背面）

②製作卡套

Ⓑ縫上魔鬼氈（毛面）

不加縫份

塑膠片（不加縫份）

Ⓐ剪出方框，從內側放入塑膠片縫合

置入口

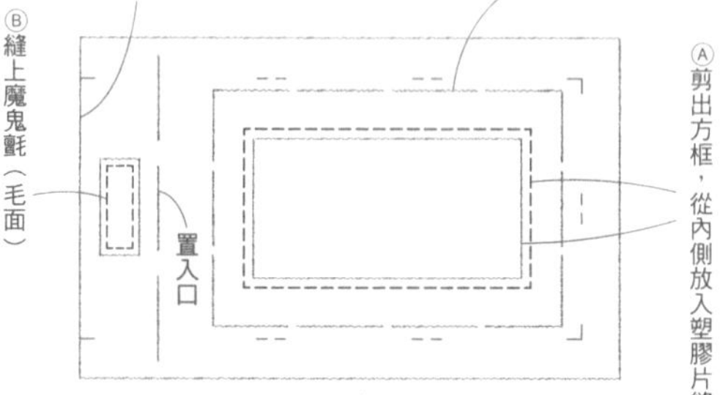

ⓒ將卡片置入口往下摺

③製作下側襠

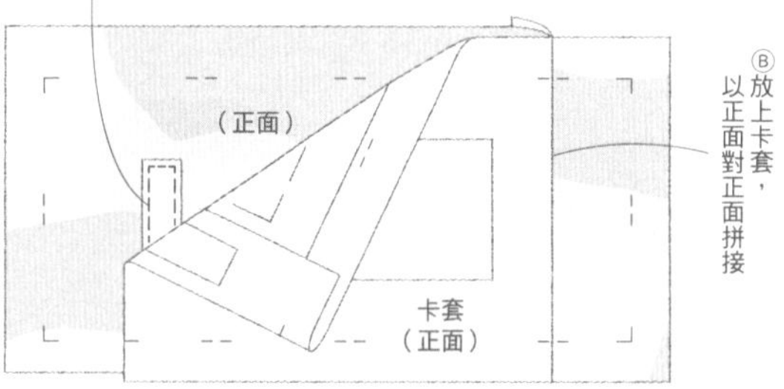

Ⓐ縫上魔鬼氈（勾面）

（正面）

Ⓑ以正面對正面拼接

卡套（正面）

提把

（正面）　6　（背面）

1　3

摺成三摺

●製作2個　不加縫份

③翻回正面，以鉚釘固定提把

0.7

④縫上D形環，扣上伸縮帶

後片（正面）

伸縮帶

D形環　側襠（正面）

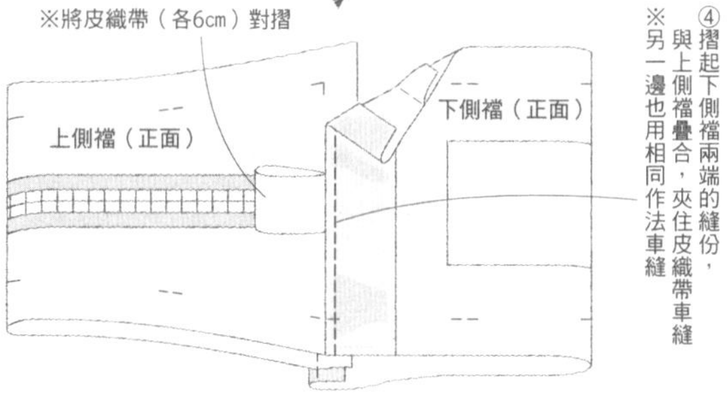

※將皮織帶（各6cm）對摺

上側襠（正面）

下側襠（正面）

④摺起下側襠兩端的縫份，與上側襠疊合，夾住皮織帶車縫
※另一邊也用相同作法車縫

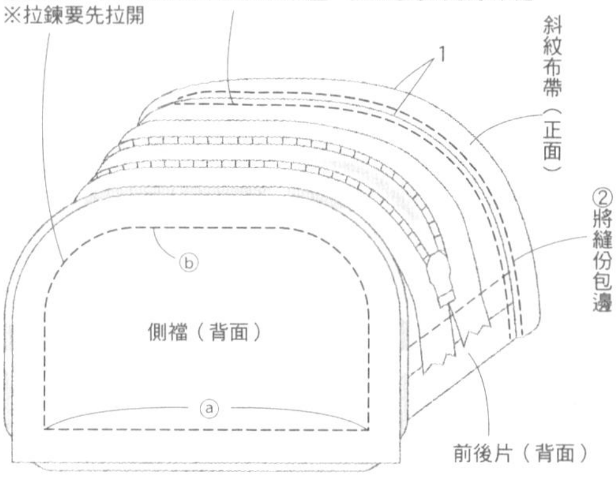

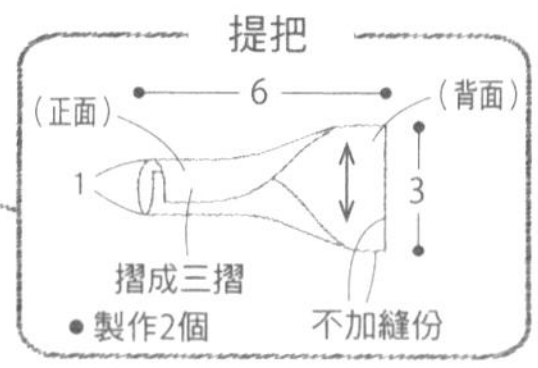

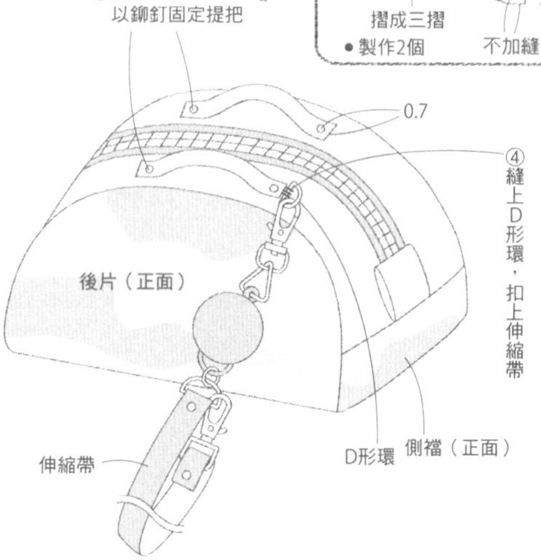

'18 迷彩鑰匙包　PHOTO P.23

材料　表布a25×20cm、表布b25×10cm、裡布25×20cm、束帶10cm的正方形、14cm拉鍊1條、寬1cm皮織帶10cm、標籤1張、直徑0.3cm細繩45cm、寬0.8cm水滴形鉤環1個、寬1.2cmD形環1個、直徑0.6cm鉚釘1組、內徑0.7cm雞眼釦2組、旋轉式鑰匙圈1個。

☆除了指定的部分，縫份皆為1cm

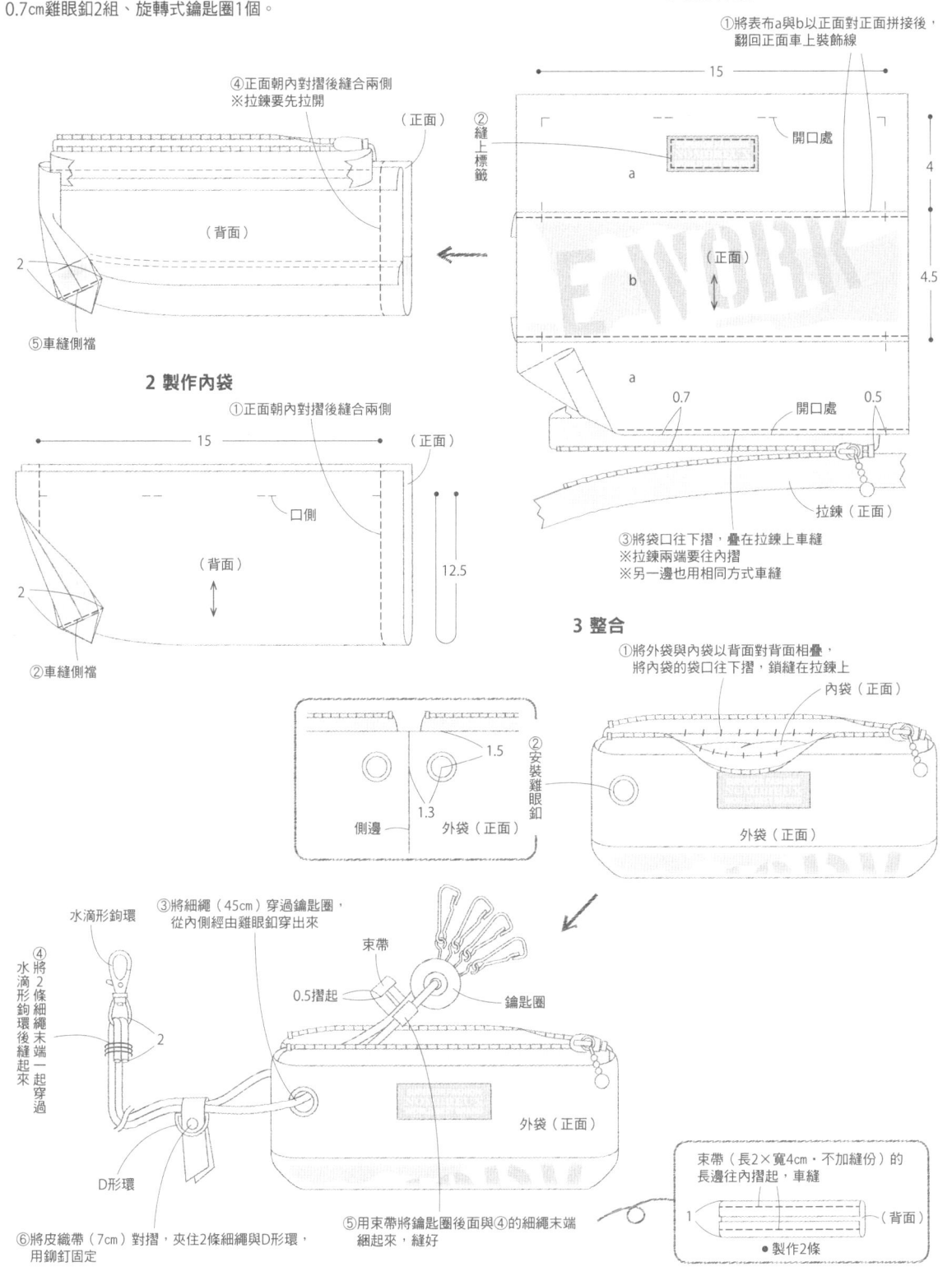

1 製作外袋

①將表布a與b以正面對正面拼接後，翻回正面車上裝飾線

②縫上標籤

開口處

15

a

4

（正面）

b

4.5

a

0.7　開口處　0.5

拉鍊（正面）

③將袋口往下摺，疊在拉鍊上車縫
※拉鍊兩端要往內摺
※另一邊也用相同方式車縫

④正面朝內對摺後縫合兩側
※拉鍊要先拉開

（正面）

（背面）

2

⑤車縫側襠

2 製作內袋

①正面朝內對摺後縫合兩側

15

（正面）

口側

（背面）

12.5

2

②車縫側襠

3 整合

①將外袋與內袋以背面對背面相疊，將內袋的袋口往下摺，鎖縫在拉鍊上

內袋（正面）

②安裝雞眼釦

1.5

1.3

側邊　外袋（正面）

外袋（正面）

水滴形鉤環

③將細繩（45cm）穿過鑰匙圈，從內側經由雞眼釦穿出來

束帶

0.5摺起

鑰匙圈

④將2條水滴形鉤環後縫起來一起穿過

2

D形環

⑥將皮織帶（7cm）對摺，夾住2條細繩與D形環，用鉚釘固定

⑤用束帶將鑰匙圈後面與④的細繩末端綑起來，縫好

外袋（正面）

束帶（長2×寬4cm・不加縫份）的長邊往內摺起，車縫

1

（背面）

●製作2條

☆縫份為1cm

1 製作前後片表布

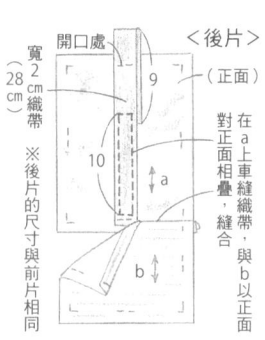

〈後片〉
開口處
寬2cm織帶
（28cm）
（正面）
9
10
a
b
①在a上車縫織帶，與b以正面對正面相疊，縫合
※後片的尺寸與前片相同

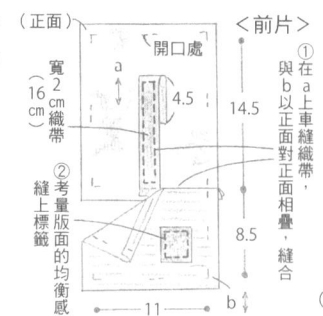

〈前片〉（正面）
開口處
a
寬2cm織帶（16cm）
4.5
14.5
8.5
11
b
①在a上車縫織帶，與b以正面對正面相疊，縫合
②考量版面的均衡感，縫上標籤

17 悶燒罐小餐袋
PHOTO P.23

材料 前後片表布a30×20cm、前後片表布b30×15cm、側襠表布35×30cm、底部表布25×20cm、裡布c25cm的正方形、裡布d用防水布25×55cm、寬2cm織帶45cm、寬1.5cm織帶50cm、直徑1cm按釦1組、標籤1張。

2 製作外袋與內袋

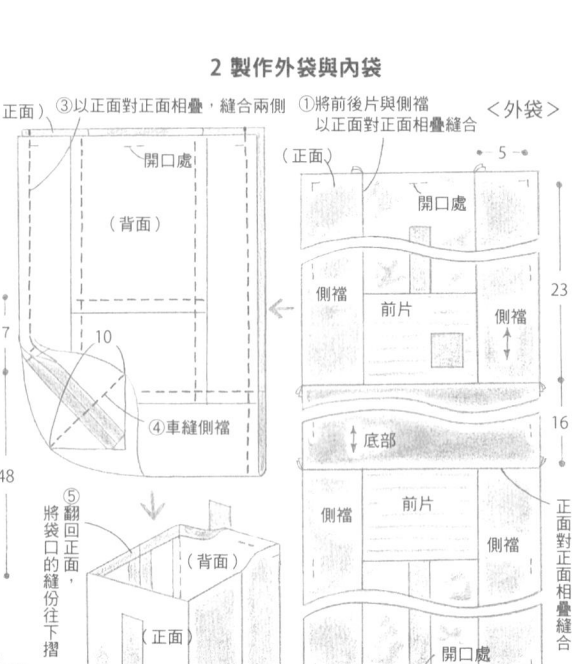

〈外袋〉
①將前後片與側襠以正面對正面相疊縫合
（正面）
5
開口處
側襠 前片 側襠
23
底部
16
側襠 前片 側襠
開口處
正面對正面相疊縫合
④車縫側襠

（正面）
③以正面對正面相疊，縫合兩側
開口處
（背面）
7
10
⑤翻回正面，將袋口的縫份往下摺

（背面）
（正面）
開口處
21

3 整合

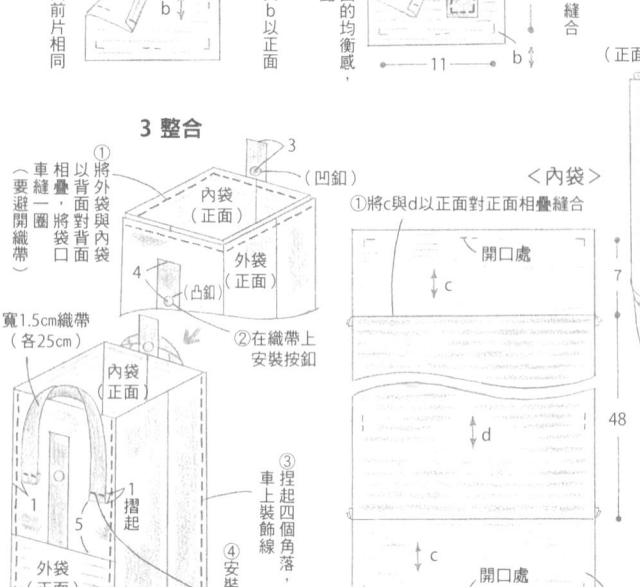

〈內袋〉
①將c與d以正面對正面相疊縫合
開口處
c
d
c
開口處
（正面）
21
②以與外袋③～⑤相同的作法車縫

①以背面對正面相疊，將外袋與內袋套疊，將袋口車縫一圈（相疊要避開織帶）
3
（凹釦）
內袋（正面）
外袋（正面）
4
（凸釦）
②在織帶上安裝按釦

寬1.5cm織帶（各25cm）
內袋（正面）
1摺起
5
1
外袋（正面）
3
③捏起四個角落，車上裝飾線
④安裝提把

材料 外部30×25cm、內部・口袋・筆插用1.5mm厚皮革35×40cm、寬18cm×高14cm口金1個、紙繩1條、喜歡的布徽章・鉚釘、皮革專用手縫線。

紙型B面

35 口金護照套
PHOTO P.34

1 製作外部

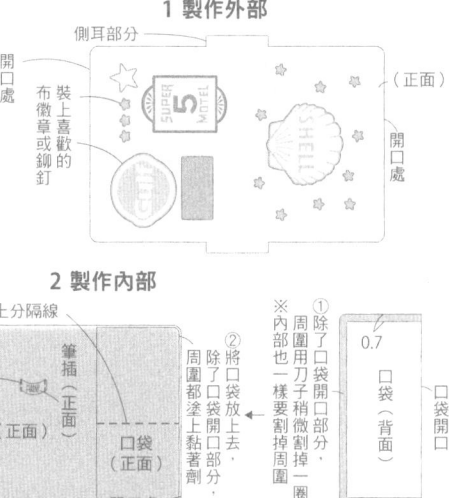

側耳部分
開口處
裝上喜歡的布徽章或鉚釘
SUPER 5 MOTEL
SHELL
Gulf
（正面）
開口處

3 整合

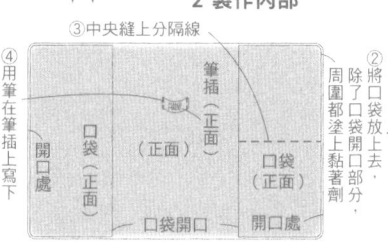

側耳部分 外部（背面）
②縫合周圍
在周圍塗上黏著劑
①將外面的側耳部分摺起來，與內部以背面對背面相疊
內部（正面）

☆全部不加縫份
※全部手縫（打洞要用錐子）

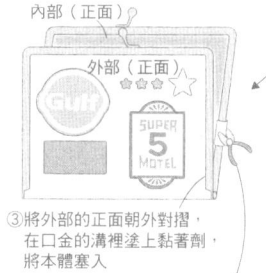

內部（正面）
外部（正面）
Gulf
SUPER 5 MOTEL
③將外部的正面朝外對摺，在口金的溝裡塗上黏著劑，將本體塞入
④內側塞入紙繩，在兩側放上墊布，用鉗子夾緊

2 製作內部

③中央縫上分隔線
④用筆在筆插上寫下喜歡的字，車縫上去
筆插（正面）
②將口袋放上去，除了口袋開口部分，周圍部都塗上黏著劑
口袋（正面）
開口處
口袋（正面）
口袋開口
開口處
口袋開口

①除了口袋開口部分，周圍用刀子稍微割掉一圈
※內部也一樣要割掉周圍
0.7
口袋（背面）
口袋開口
口袋開口
●製作2片

'19 貼身小包

PHOTO P.24

材料 本體表布・外側口袋表布 60×40cm、本體裡布・外側口袋裡布 55×40cm、側邊布20cm的正方形、布襯60×40cm、掀蓋用皮革25×15cm、布耳用皮革5×10cm、寬2.5cm合成皮織帶25cm、寬2.5cm魔鬼氈5cm、直徑1cm按釦1組、內徑1.5cm雞眼釦12組、直徑1cm圓形環6個。

紙型 B面

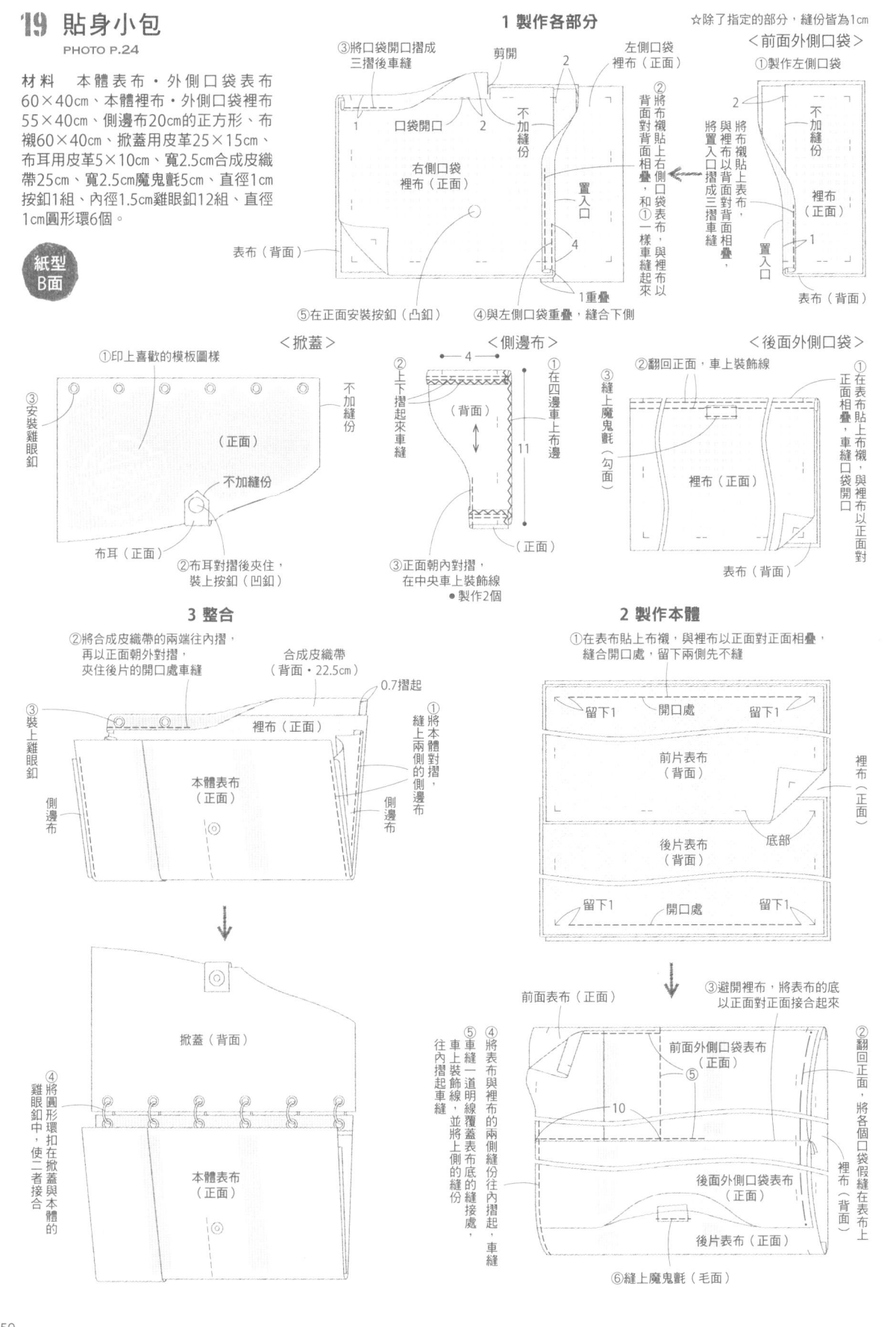

☆除了指定的部分，縫份皆為1cm

26 扁形小包包 PHOTO P.29

材料（1個份） 表布30×40cm、20cm拉鍊1條。

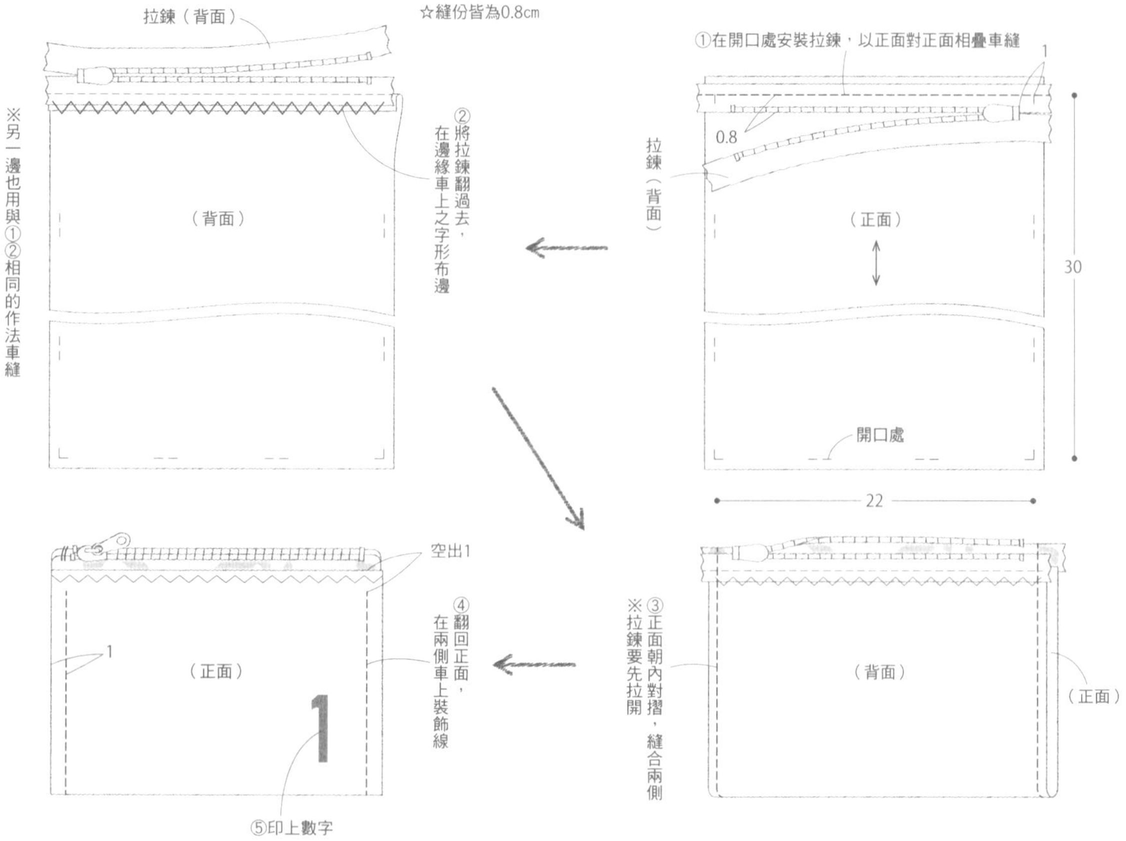

拉鍊（背面）　　　☆縫份皆為0.8cm

①在開口處安裝拉鍊，以正面對正面相疊車縫

0.8

拉鍊（背面）

（正面）

30

開口處

22

※另一邊也與①②相同的作法車縫

（背面）

②將拉鍊翻過去，在邊緣車上之字形布邊

※③拉鍊要先拉開，正面朝內對摺，縫合兩側

（背面）

（正面）

空出1

（正面）

1

④翻回正面，在兩側車上裝飾線

⑤印上數字

紙型 B面

材料 表布a25cm的正方形、表布b20cm的正方形、筆插‧書脊用皮革20cm的正方形、側邊皮革15×20cm、裡布35×20cm、絨面皮織帶2種各25cm、標籤1張。

23 布書套 PHOTO P.26

☆除了指定的部分，縫份皆為1cm

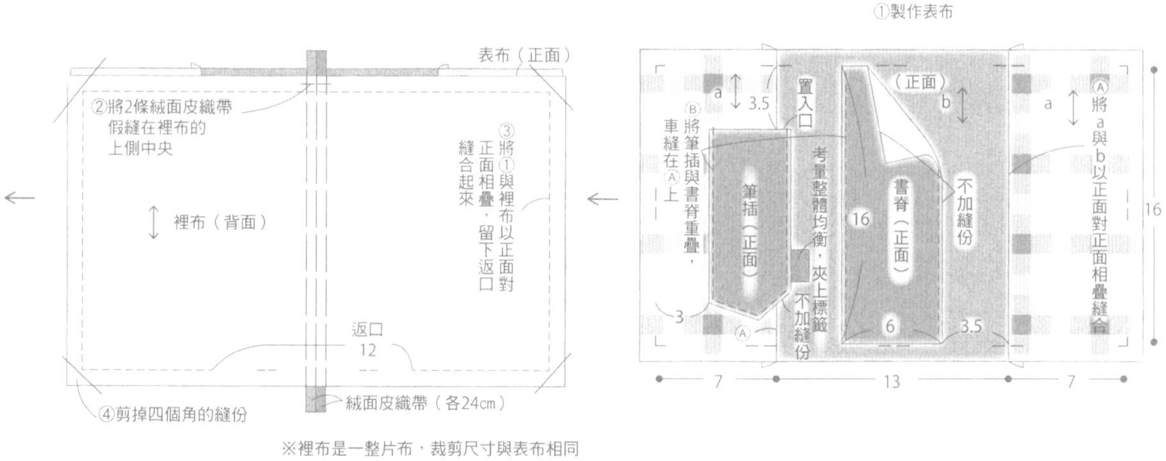

①製作表布

表布（正面）

②將2條絨面皮織帶假縫在裡布的上側中央

裡布（背面）

③將①與裡布以正面對正面相疊，留下返口縫合起來

返口 12

④剪掉四個角的縫份

絨面皮織帶（各24cm）

※裡布是一整片布，裁剪尺寸與表布相同

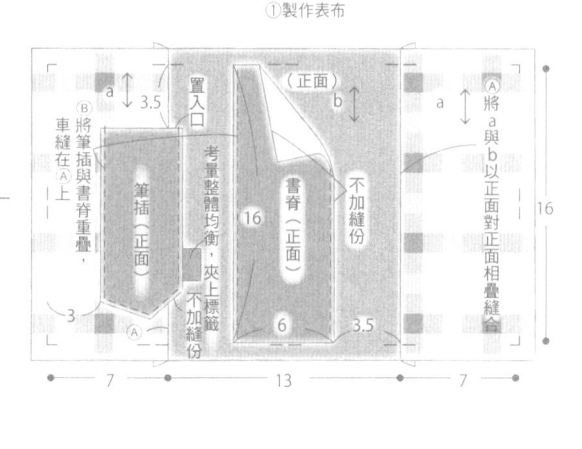

（正面）

a↑ 3.5

b↑

a↑

16

⑧將a與b以正面對正面相疊縫合

⑧將筆插與書脊車縫在Ⓐ上

考量筆插與書脊重疊，考量整體均衡，夾上標籤

筆插（正面）

書脊（正面）

不加縫份

3

Ⓐ 不加縫份

6

3.5

7

13

7

21 平板電腦收納包
PHOTO P.25

材料 本體表布‧掀蓋A裡布用帆布50×60cm、掀蓋A表布‧外側口袋表布45×30cm、外側口袋裡布25×15cm、掀蓋B用皮革25×15cm、本體裡布用鋪棉布25×60cm、厚襯棉25×60cm、布襯45×30cm、寬2cm魔鬼氈10cm、金屬插鎖1組。

紙型 B面

1 製作各部分
☆除了指定的部分，縫份皆為1cm

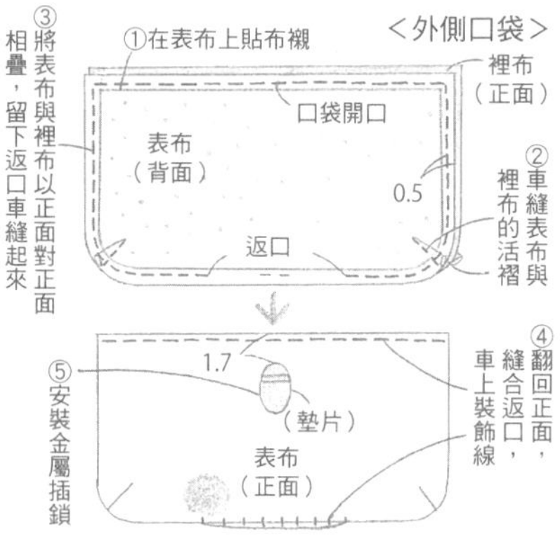

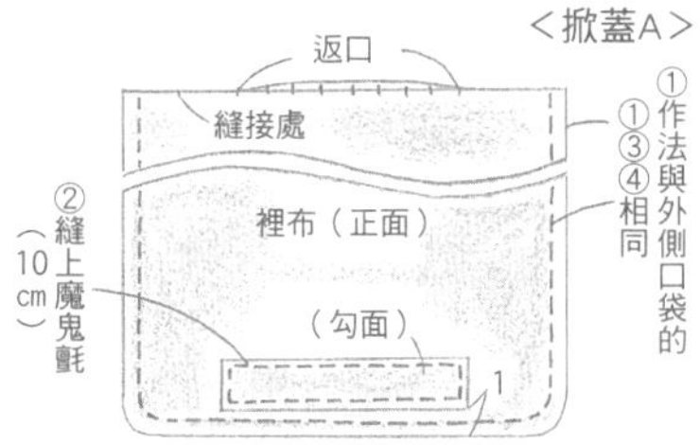

〈外側口袋〉
① 在表布上貼布襯
裡布（正面）
口袋開口
表布（背面）
0.5
返口
③ 將表布與裡布以正面對正面相疊，留下返口車縫起來
④ 車縫表布與裡布的活褶

↓

1.7
（墊片）
表布（正面）
⑤ 安裝金屬插鎖
④ 翻回正面，縫合返口，車上裝飾線

〈掀蓋A〉
返口
縫接處
裡布（正面）
（勾面）
② 縫上魔鬼氈（10cm）
1
① ③ ④ 作法與外側口袋的 ①③④相同

2 製作外袋與內袋

〈外袋〉
20
（正面）
開口處
12
② 縫上魔鬼氈（10cm）
① 貼上厚襯棉
（毛面）
外側口袋表布（正面）
（插扣）
掀蓋B（正面）
6
5.5
6
0.8
3
口袋開口
不加縫份
⑤ 在掀蓋B上安裝金屬插鎖，車縫
0.8
開口處
4
掀蓋A表布（正面）
③ 縫上外側口袋，車上裝飾線
54
④ 縫上掀蓋A
1

3 整合

① 將外袋與內袋對正面相疊，縫合開口處
外袋背面
內袋（背面）
返口
內袋（正面）
0.8
外袋（正面）
② 翻回正面，縫合返口，在包包開口車一圈裝飾線（避開掀蓋）

（正面）
開口處
（背面）
⑥ 正面朝內對摺，縫合兩側
⑦ 車縫側襠
2

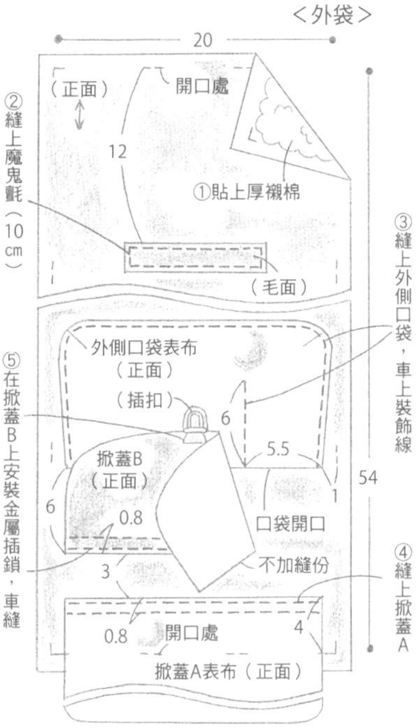

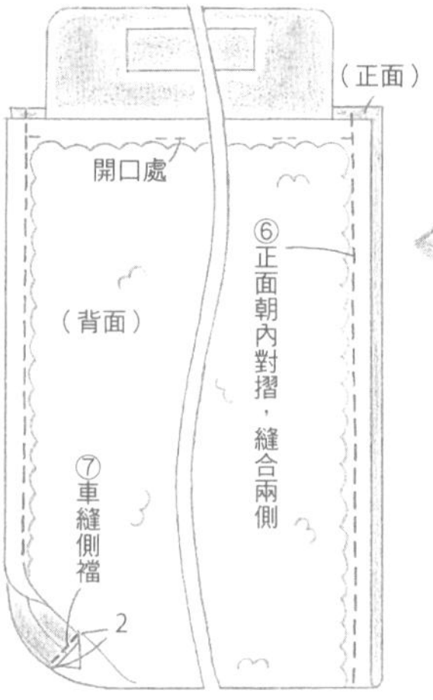

※內袋的裁剪尺寸與外袋相同，用與⑥⑦相同的作法縫製（要在單邊留下15cm的返口）

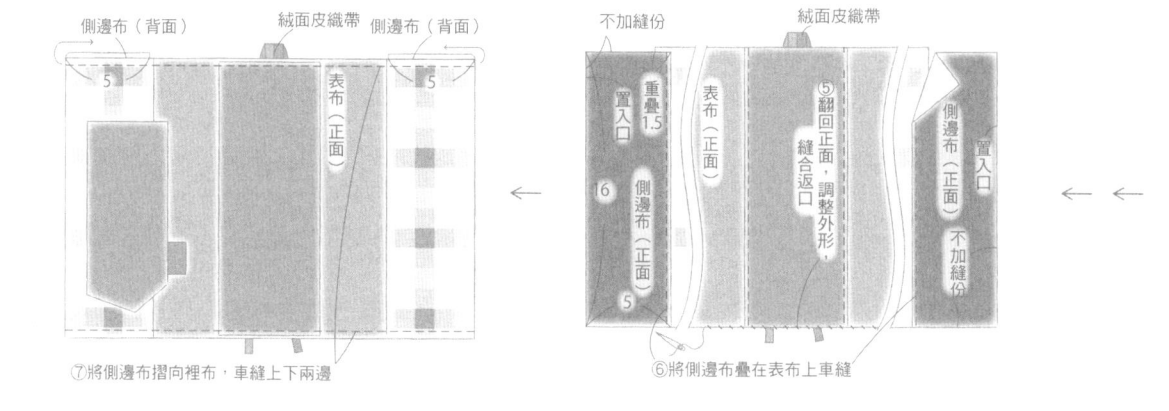

側邊布（背面） 絨面皮織帶 側邊布（背面）
5 表布（正面） 5
⑦將側邊布摺向裡布，車縫上下兩邊

不加縫份 絨面皮織帶
重疊1.5 置入口 表布（正面） ⑤翻回正面，縫合返口，調整外形
6 側邊布（正面） 側邊布（正面）置入口
5 不加縫份
⑥將側邊布疊在表布上車縫

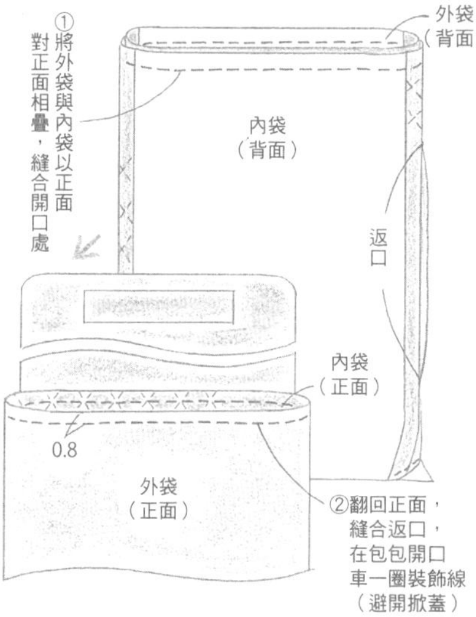

☆除了指定的部分，縫份皆為1cm

1 製作各部分

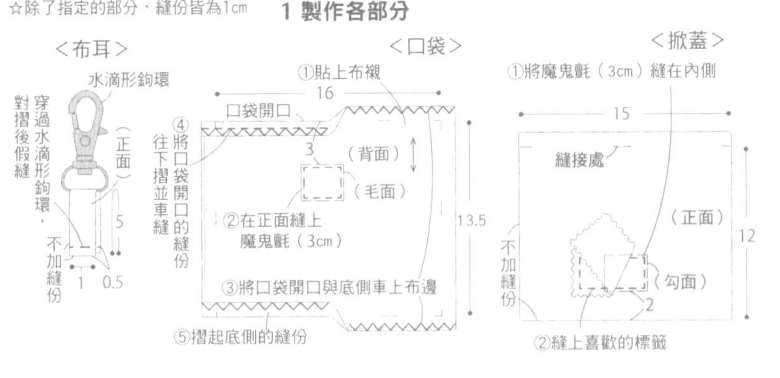

<布耳>
水滴形鉤環
穿過水滴形鉤環
對摺後假縫
（正面）
不加縫份
1　0.5

<口袋>
①貼上布襯
口袋開口
16
3（背面）
（毛面）
④將口袋開口往下摺並車縫
②在正面縫上魔鬼氈（3cm）
13.5
③將口袋開口與底側車上布邊
⑤摺起底側的縫份

<掀蓋>
①將魔鬼氈（3cm）縫在內側
15
縫接處
（正面）
12
不加縫份
勾面
2
②縫上喜歡的標籤

22 多口袋小包包
PHOTO P.26

材料　表布・口袋40cm的正方形、裡布25×40cm、掀蓋・皮帶・布耳用厚0.1cm皮革20cm的正方形、布襯40cm的正方形、寬2.5cm魔鬼氈5cm、寬1cm水滴形鉤環1個、夾子2個、喜歡的標籤1張。

2 製作外袋與內袋

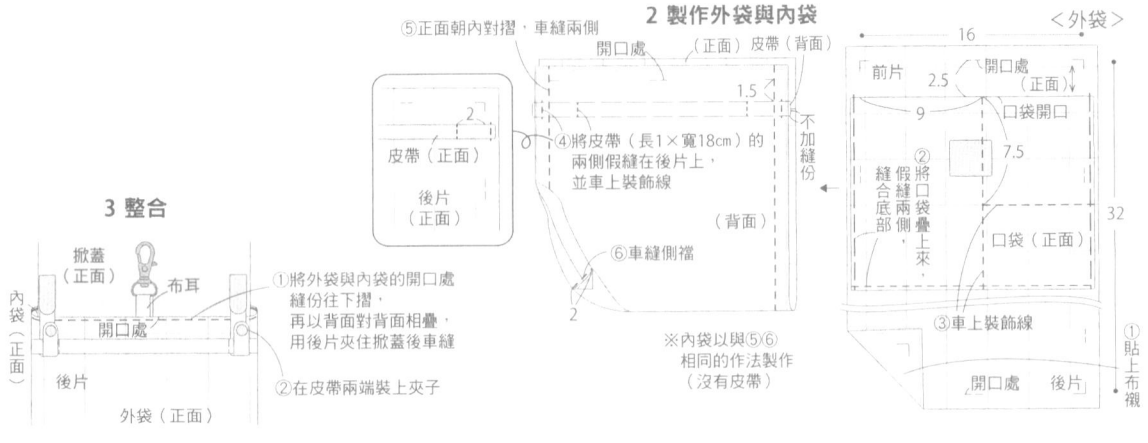

⑤正面朝內對摺，車縫兩側
開口處
（正面）皮帶（背面）
1.5
不加縫份
④將皮帶（長1×寬18cm）的兩側假縫在後片上，並車上裝飾線
皮帶（正面）
2
後片（正面）
⑥車縫側襠
2
※內袋以與⑤⑥相同的作法製作（沒有皮帶）

<外袋>
16
前片　2.5　開口處（正面）
9
②將假縫口袋疊上來
7.5
①縫合底部
口袋開口
32
口袋（正面）
③車上裝飾線
①貼上布襯
開口處　後片

3 整合

掀蓋（正面）
布耳
內袋（正面）
開口處
後片
外袋（正面）

①將外袋與內袋的開口處縫份往下摺，再以背面對背面相疊，用後片夾住掀蓋後車縫
②在皮帶兩端裝上夾子

20 簡約卡片夾
PHOTO P.25

材料　小：表布20×30cm、裡布20×30cm、寬1.2cm皮織帶15cm。大：表布20×40cm、裡布20×40cm、寬1.2cm皮織帶20cm。

☆縫份皆為1cm

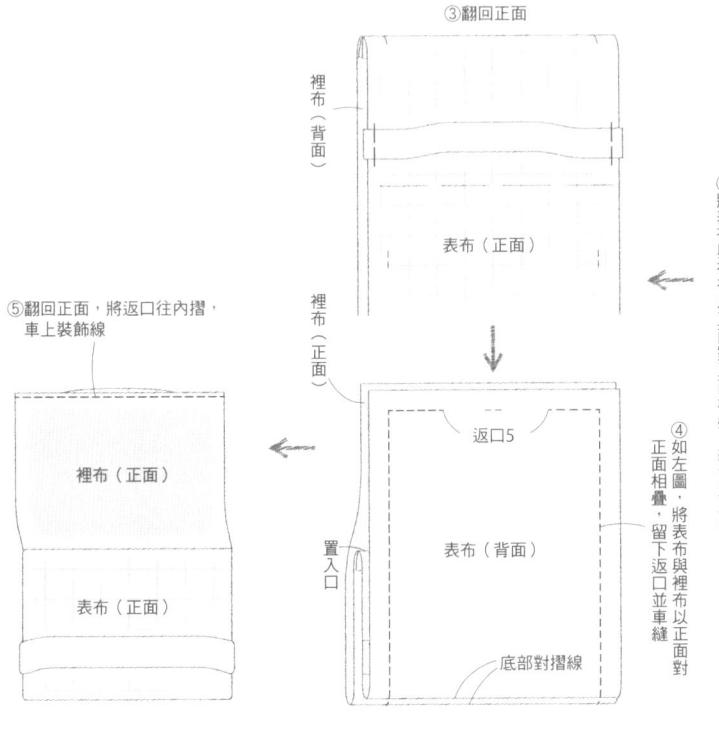

③翻回正面
裡布（背面）
表布（正面）
裡布（正面）
⑤翻回正面，將返口往內摺，車上裝飾線
裡布（正面）
返口5
表布（背面）
置入口
表布（正面）
底部對摺線
④如左圖，正面相疊，將表布與裡布以正面對

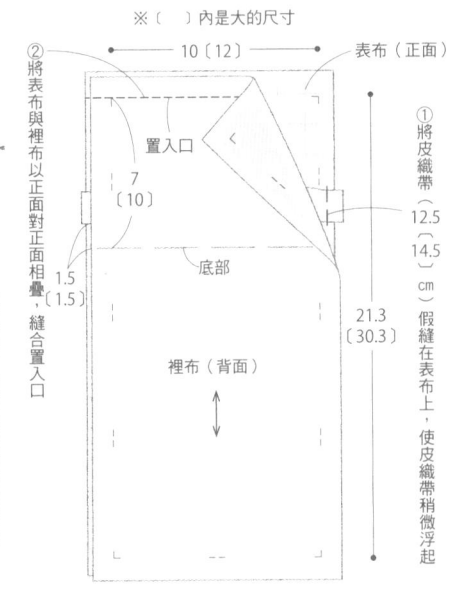

※〔　〕內是大的尺寸
②將表布與裡布以正面對正面相疊，縫合置入口
10〔12〕
表布（正面）
置入口
7〔10〕
底部
①將皮織帶（12.5〔14.5〕cm）假縫在表布上，使皮織帶稍微浮起
1.5〔1.5〕
裡布（背面）
21.3〔30.3〕

62

24 對摺皮夾
PHOTO P.27

材料　外層‧掀蓋表布‧卡片夾層表布‧零錢袋側邊用厚1.5mm皮革35×20cm、內層‧裝飾布40×25cm、零錢袋側襠用厚0.5mm皮革5×10cm、掀蓋裡布用厚0.1cm皮革10cm的正方形、卡片夾層裡布25×10cm、厚布襯30×25cm、布襯15×10cm、直徑1cm按釦1組、標籤1張。

紙型
B面

2 製作外層與內層
☆除了指定的部分皆不加縫份

＜內層＞

③將周圍的縫份往內摺，對摺後用白膠黏貼

（正面）

0.5

①貼上厚布襯

（背面）

②轉彎處的縫份要剪牙口

內層（正面）

②考量整體均衡感，將標籤車縫在①上

＜外層＞

③往內摺，裝飾布的縫份車縫上去

（正面）

裝飾布（正面）

0.5

標籤

①將布襯貼在裝飾布上

1 製作各部分

＜零錢袋＞

開口處

②與側襠的左側面相疊車縫

①在側面開口處車縫裝飾線，並安裝裝飾按釦

（凸釦）

側面（正面）

側襠（背面）

＜掀蓋＞

②裝上按釦

（凹釦）

裡布（正面）

表布（背面）縫接處

①將表布與裡布相疊以背面對背面車縫

＜卡片夾層＞

口袋開口

裡布A（正面）

裡布B（正面）

①將裡布A與B疊起來，車縫底側

0.8

②在表布上剪出卡片插口，並用錐子在兩側打孔

口袋開口

④用白膠黏貼①的周圍，在口袋開口車縫上裝飾線，

車縫終點

③將①與②重疊，裡布B白膠黏貼於上端

裡布B（正面）

裡布A（背面）

表布（背面）

3 整合

②在內層縫上零錢袋的側襠，將側襠摺好後，車縫零錢袋側面的底部與右邊

內層（正面）

③縫卡片夾層在內層上

開口處

卡片夾層表布（正面）

零錢袋側襠（正面）

零錢袋側面（正面）

掀蓋裡布（正面）

開口處

①掀蓋縫在內層上

外層（背面）

內層（正面）　中央

開口3

外層的中央央部分是彎曲的

④將外層與內層以背面對背面相疊，車縫兩邊與底部留下開口，縫合周圍

---

24 鑰匙包
PHOTO P.27

材料　上半部用厚1.5mm皮革20×15cm、下表布20×15cm、厚布襯20×15cm、直徑1cm按釦1組、金屬鑰匙圈鉤頭3個、皮革用手縫線。

紙型
B面

⑥裝上金屬鑰匙圈鉤頭

金屬鑰匙圈鉤頭

1　6.5

上裡布（正面）

上表布（正面）

④將下半部翻回正面，夾在上半部中間，用白膠黏貼

（凸釦）1.7

1.2

（凹釦）1.2

1

下表布（正面）

⑤用錐子鑽孔後，再手縫

⑦裝上按釦

☆除了指定的部分，縫份皆為1cm

不加縫份

上表布（背面）

1保留不黏貼

上裡布（正面）

①將背面對面與上裡布以背面對背面相疊，對齊兩側，以白膠黏貼

讓兩側的裡布彎曲

下半部縫接處

②將厚布襯黏貼於下表布

下表布（正面）

下表布（背面）

上半部縫接處

0.5

③將②朝內正面對摺縫合兩側

25 格紋側背包
PHOTO P.28

材料 前片表布・上側襠表布・外側口袋表布・側邊布60cm的正方形、後片表布・下側襠表布35×50cm、裡布・內側口袋70cm的正方形、布襯30cm的正方形、襯棉75×50cm、寬5cm織帶1.3m、寬2cm織帶15cm、寬4cm斜紋布帶1.8m、寬5cm方形環1個、寬5cm日字環1個、寬5cm水滴形鉤環1個、寬2cmD形環2個、20cm拉鍊1條、45cm雙頭拉鍊1條、標籤1張、喜歡的裝飾。

紙型B面

☆除了指定的部分，縫份皆為1cm

1 製作各部分

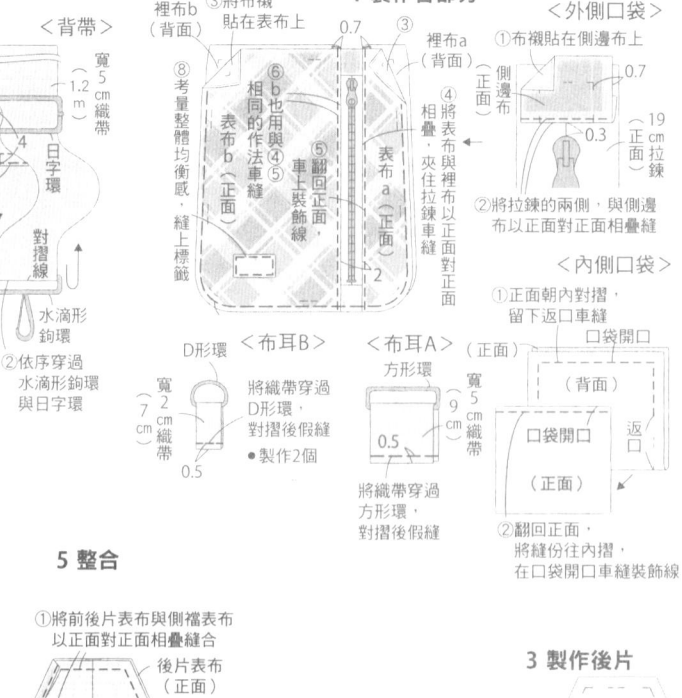

＜背帶＞

寬5cm織帶（1.2m）

日字環

1 / 4

①將織帶的一端穿過日字環，摺成三摺後車縫

②依序穿過水滴形鉤環與日字環

對摺線

水滴形鉤環

裡布（背面）

③將布襯貼在表布上

⑧考量整體均衡感，縫上標籤

相同的作法車縫

⑥b也用與④相同的作法車縫

表布b（正面）

0.7

③

裡布a（背面）

側邊布（正面）

④將表布與裡布以正面對正面相疊縫

⑤翻回正面，夾住拉鍊車縫

車上裝飾線

表布a（正面）

19cm正面拉鍊

＜外側口袋＞

①布襯貼在側邊布上

側邊布（正面）

0.7

0.3

②將拉鍊的兩側，與側邊布以正面對正面相疊縫

＜布耳B＞

D形環

寬2cm織帶（7cm）

0.5

將織帶穿過D形環，對摺後假縫
●製作2個

＜布耳A＞

方形環

寬5cm織帶（9cm）

0.5

將織帶穿過方形環，對摺後假縫

＜內側口袋＞

①正面朝內對摺，留下返口車縫

（正面）

口袋開口

（背面）

口袋開口

（正面）

返口

②翻回正面，將縫份往內摺，在口袋開口車縫裝飾線

5 整合

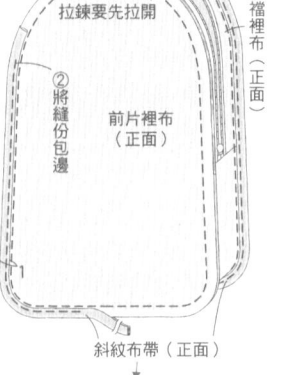

①將前後片表布與側襠表布以正面對正面相疊縫合

後片表布（正面）

側襠裡布（正面）

拉鍊要先拉開

②將縫份包邊

前片裡布（正面）

1

斜紋布帶（正面）

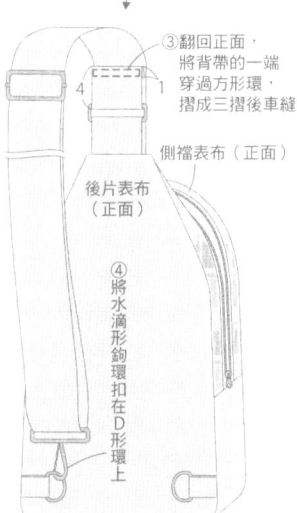

③翻回正面，將背帶的一端穿過方形環，摺成三摺後車縫

4 / 1

側襠表布（正面）

後片表布（正面）

④將水滴形鉤環扣在D形環上

3 製作後片

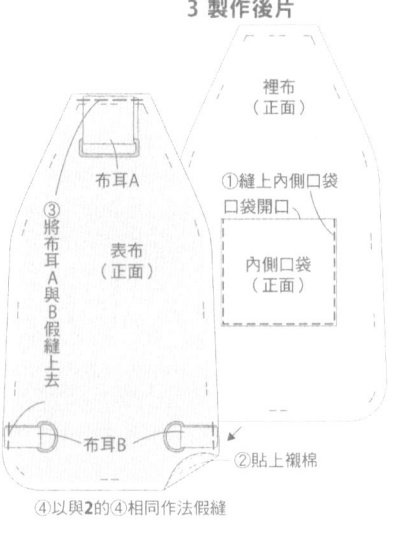

裡布（正面）

布耳A

表布（正面）

③將布耳A與B假縫上去

①縫上內側口袋口袋開口

內側口袋（正面）

布耳B

②貼上襯棉

④以與2的④相同作法假縫

2 製作前片

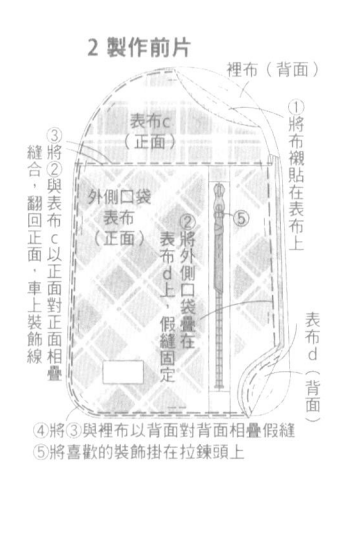

裡布（背面）

表布c（正面）

①將布襯貼在表布上

③將②與表布c以正面對正面相疊縫合，翻回正面，車上裝飾線

外側口袋表布（正面）

②將外側口袋疊在表布d上，假縫固定

表布d（正面）

⑤

表布d（背面）

④將①與裡布以背面對背面相疊假縫

⑤將喜歡的裝飾掛在拉鍊頭上

4 製作側襠

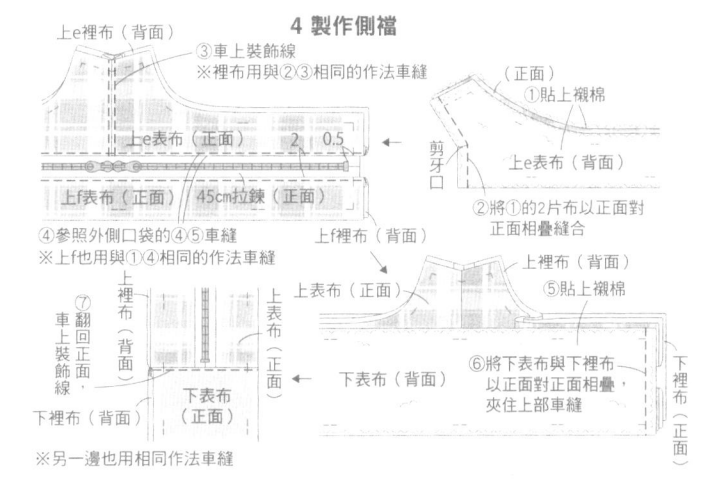

上e裡布（背面）

③車上裝飾線
※裡布用與①②③相同的作法車縫

上e表布（正面）

2 0.5

（正面）

①貼上襯棉

上e表布（背面）

剪牙口

②將①的2片以正面對正面相疊縫合

上f表布（正面）

45cm拉鍊（正面）

上f裡布（背面）

④參照外側口袋的④⑤車縫
※上f也用與①④相同的作法車縫

上裡布（背面）

⑤貼上襯棉

上e裡布（背面）

翻回正面車上裝飾線

上e表布（正面）

⑥將下表布與下裡布以正面對正面相疊，夾住上部車縫

下表布（背面）

下裡布（正面）

下表布（正面）

下裡布（背面）

※另一邊也用相同作法車縫

64

30 棉繩提把托特包

PHOTO P.31

☆除了指定的部分，縫份皆為1cm
（裝飾與束繩帶不加縫份）

材料　本體用帆布95×55cm、口袋75×30cm、裝飾・束繩帶用皮革35×20cm、直徑1cm棉繩1.6m、直徑1cm雞眼釦4組、直徑0.9cm鉚釘4組。

紙型
B面

2 製作本體並整合

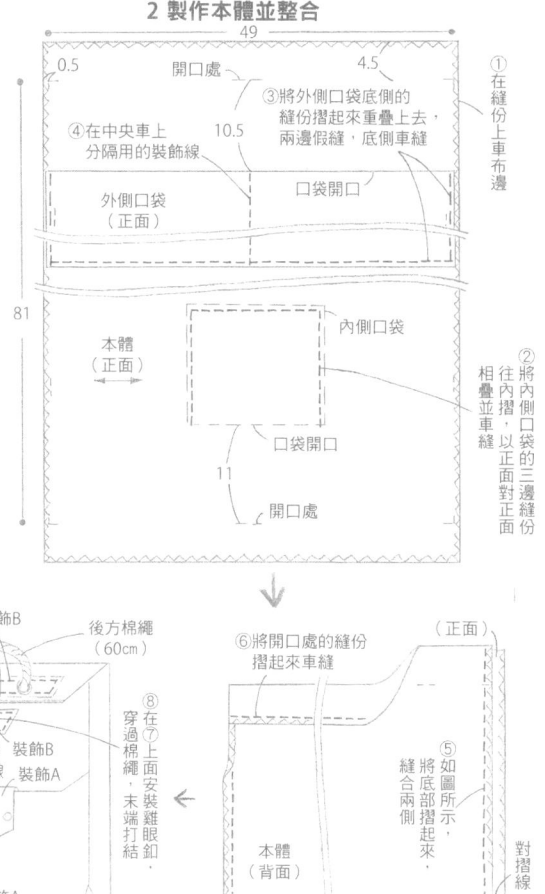

49

0.5　開口處　4.5

①在縫份上車布邊

④在中央車上分隔用的裝飾線

③將外側口袋底側的縫份摺起來重疊上去，兩邊假縫，底側車縫

10.5

外側口袋（正面）

口袋開口

81

本體（正面）

內側口袋

②將內側口袋的三邊縫份往內摺，以正面對正面相疊並車縫

口袋開口

11

開口處

1 製作內側與外側口袋

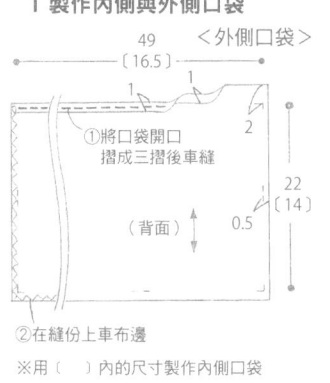

49　〈外側口袋〉
〔16.5〕

①將口袋開口摺成三摺後車縫

（背面）

22
〔14〕

0.5

②在縫份上車布邊

※用〔　〕內的尺寸製作內側口袋

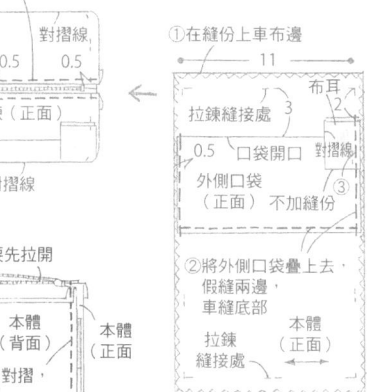

⑥將開口處的縫份摺起來車縫

（正面）

⑤如圖所示，將底部摺起來，縫合兩側

本體（背面）

對摺線

對摺線

8

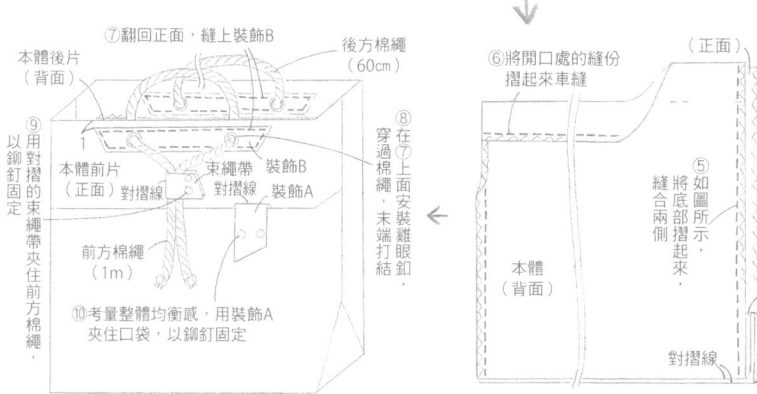

⑦翻回正面，縫上裝飾B

本體後片（背面）

後方棉繩（60cm）

⑧在⑦上面安裝雞眼釦，末端打結

⑨以鉚釘固定摺起的束繩帶夾住前方棉繩。

本體前片（正面）對摺線

1

束繩帶　裝飾B
對摺線　裝飾A

⑧穿過棉繩

前方棉繩（1m）

⑩考量整體均衡感，用裝飾A夾住口袋，以鉚釘固定

---

30 零錢包

PHOTO P.31

☆除了指定的部分，縫份皆為1cm

材料　本體25×15cm、外側口袋15cm的正方形、裝飾・布耳・棉繩用皮革40×10cm、10cm拉鍊1條、直徑0.5cm鉚釘1組。

紙型
B面

1 製作外側口袋

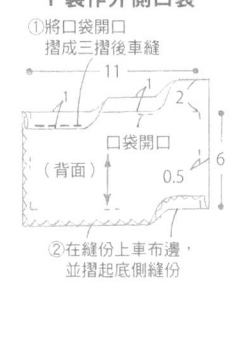

①將口袋開口摺成三摺後車縫

11

口袋開口

（背面）

6

0.5

②在縫份上車布邊，並摺起底側縫份

2 製作本體並整合

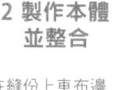

④將縫接處的縫份往內摺，縫上拉鍊

本體（正面）　對摺線

0.5　　0.5

拉鍊（正面）

對摺線

①在縫份上車布邊

11

布耳

拉鍊縫接處　3

0.5　口袋開口　對摺線

外側口袋（正面）不加縫份

③

18

②將外側口袋疊上去，假縫兩邊，車縫底部

本體（背面）

本體（正面）

拉鍊縫接處

③將布耳正面朝外對摺，假縫上去

拉鍊要先拉開

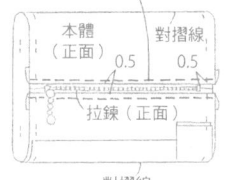

本體（背面）

本體（正面）

對摺線

⑤正面朝內對摺，縫合兩邊

對摺線

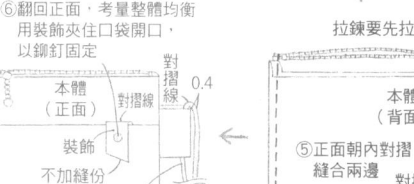

⑥翻回正面，考量整體均衡用裝飾夾住口袋開口，以鉚釘固定

本體（正面）

對摺線　0.4

裝飾不加縫份

⑦將棉繩穿過布耳後打結

棉繩（36cm）

1 製作各部分

＜背帶部分＞

①製作背帶

Ⓐ貼上襯棉

Ⓒ正面朝外對摺後，兩側各車2道裝飾線

0.71

縫接處

（正面）

中央對摺線　中央　背帶（背面）

Ⓑ兩側的縫份往內摺

5

Ⓓ將中央（下側）的角往上摺

（正面）

Ⓔ縫在Ⓓ上

13cm　2　5　6

將棉織帶穿過日字環上側，

（正面）

縫接處

＜表側襠＞

①將配布（各4×6cm）摺成四摺，夾住拉鍊兩端，車縫

4　配布（正面）　2

不加縫份　拉鍊（正面）　對摺線

③將口布開口處的縫份往內摺，縫上拉鍊

口布表布（正面）

6　1.5

口布表布（正面）

②將布用雙面膠帶貼在口布開口處的縫份

60

口布表布（正面）

58.5

13.5　底部表布（背面）

④在底部貼上布襯，與③以正面對正面相疊，縫合兩側

0.7　（正面）

⑤翻回正面，車上2道裝飾線

---

29 條紋郵差包
PHOTO P.31

材料　前片表布・後片表布・外側口袋85×75cm、底側表布・側邊布50×25cm、裡布・內側口袋・布耳85cm×1.2m、布襯45×25cm、寬5cm織帶1.3m、寬2.5cm魔鬼氈5cm、19cm拉鍊1條、皮革標籤1張。

☆除了指定的部分，縫份皆為1cm

1 製作各個口袋

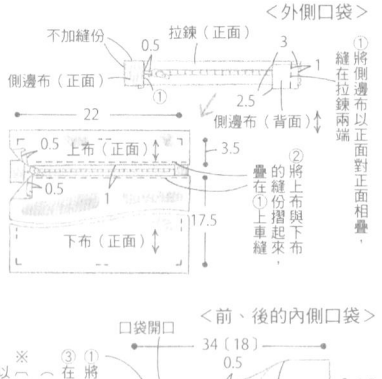

＜外側口袋＞

不加縫份　0.5　拉鍊（正面）　3

側邊布（正面）　2

①將側邊布以正面對正面相疊，縫在拉鍊兩端。

22　2.5　側邊布（背面）

0.5　上布（正面）　3.5

0.5　1　17.5　下布（正面）

②將縫份摺起與上布疊在一起上車縫

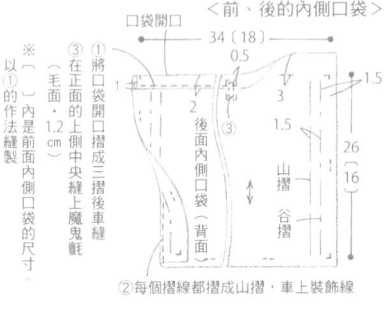

＜前、後的內側口袋＞

口袋開口　34〔18〕　0.5

2　後面內側口袋（背面）　1.5　1.5　26〔16〕

山摺　谷摺

①將口袋開口上摺成三摺後車縫。在正面的上側中央縫上魔鬼氈（毛面・1.2cm以上）。※〔 〕內是前面內側口袋的尺寸。

②每個摺線都摺成山摺，車上裝飾線。

2 製作外袋

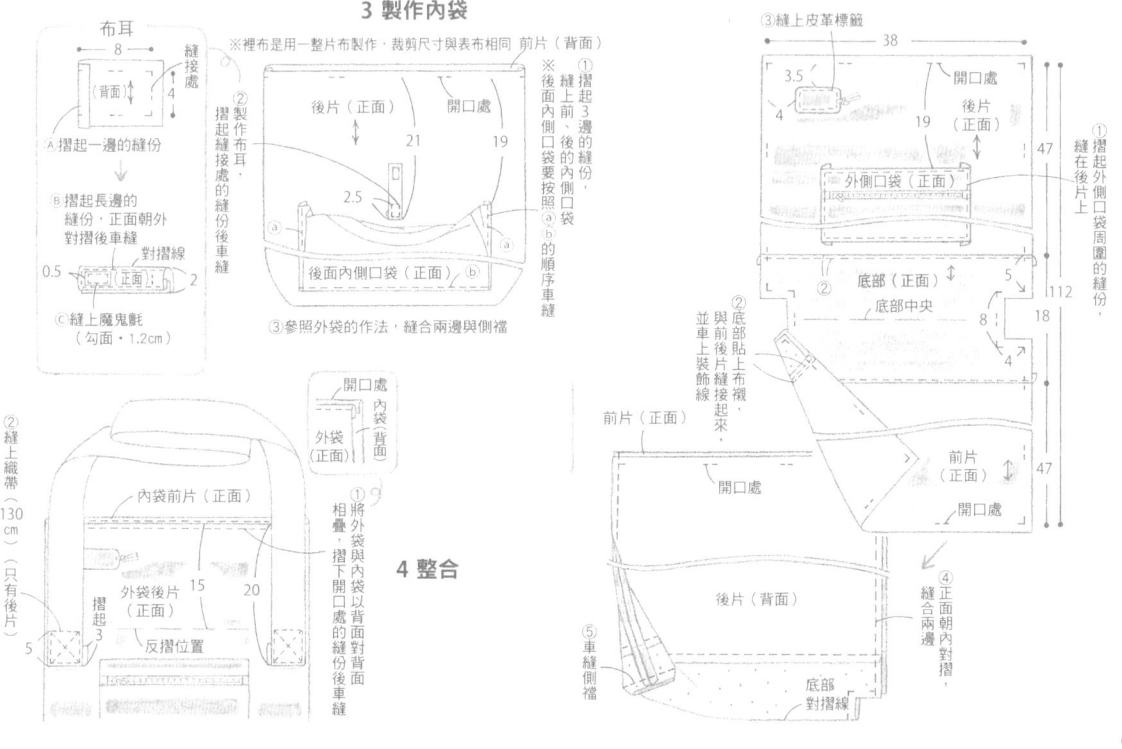

③縫上皮革標籤

38　開口處

3.5　19　後片（正面）

47

①摺起外側口袋周圍的縫份，縫在後片上。

外側口袋（正面）

②底部（正面）

底部中央　5

8　18　4

②底部貼上布襯，與前後片縫接起來，並車上裝飾線

前片（正面）　47　開口處

112

前片（背面）　開口處

③正面朝內對摺，縫合兩邊

後片（背面）

⑤車縫側襠

底部對摺線

3 製作內袋

布耳　8

（背面）　4　縫接處

Ⓐ摺起一邊的縫份

Ⓑ摺起長邊的縫份，正面朝外對摺後車縫　對摺線

0.5　（正面）　2

Ⓒ縫上魔鬼氈（勾面・1.2cm）

※裡布是用一整片布製作，裁剪尺寸與表布相同

前片（背面）

①摺起3邊的縫份

後片（正面）　開口處

21　19

②製作布耳，摺起縫接處的縫份後車縫

2.5

ⓐ　ⓑ

後面內側口袋（正面）　ⓑ

②縫上3邊的縫份，後面內側口袋、後面內側口袋要按照ⓐ、ⓑ的順序車縫

③參照外袋的作法，縫合兩邊與側襠

4 整合

開口處　內袋（背面）　外袋（正面）

②縫上織帶（130cm）（只有後片）

內袋前片（正面）

外袋後片（正面）

摺起　15　20　3

反摺位置

①將外袋與內袋以背面對背面相疊，摺下開口處的縫份後車縫

運動風格後背包

PHOTO P.32

☆除了指定的部分，縫份皆為1cm

材料　表布・口布・表底布・口袋・背帶・配布・側邊布・提把
寬110cm×1m、裡布寬110cm×1m、布襯寬90cm×30cm、襯棉50
cm的正方形、寬1.5cm布用雙面膠帶1.3m、寬2.5cm棉織帶1.6m、
寬2.5cm織帶40cm、束繩環用寬1.5cm織帶30cm、寬1cm織帶25
cm、直徑0.3cm細繩1.8m、58cm雙頭拉鍊1
條、寬2.5cm魔鬼氈5cm、寬2.5cm目字環2個、繩尾扣1個。

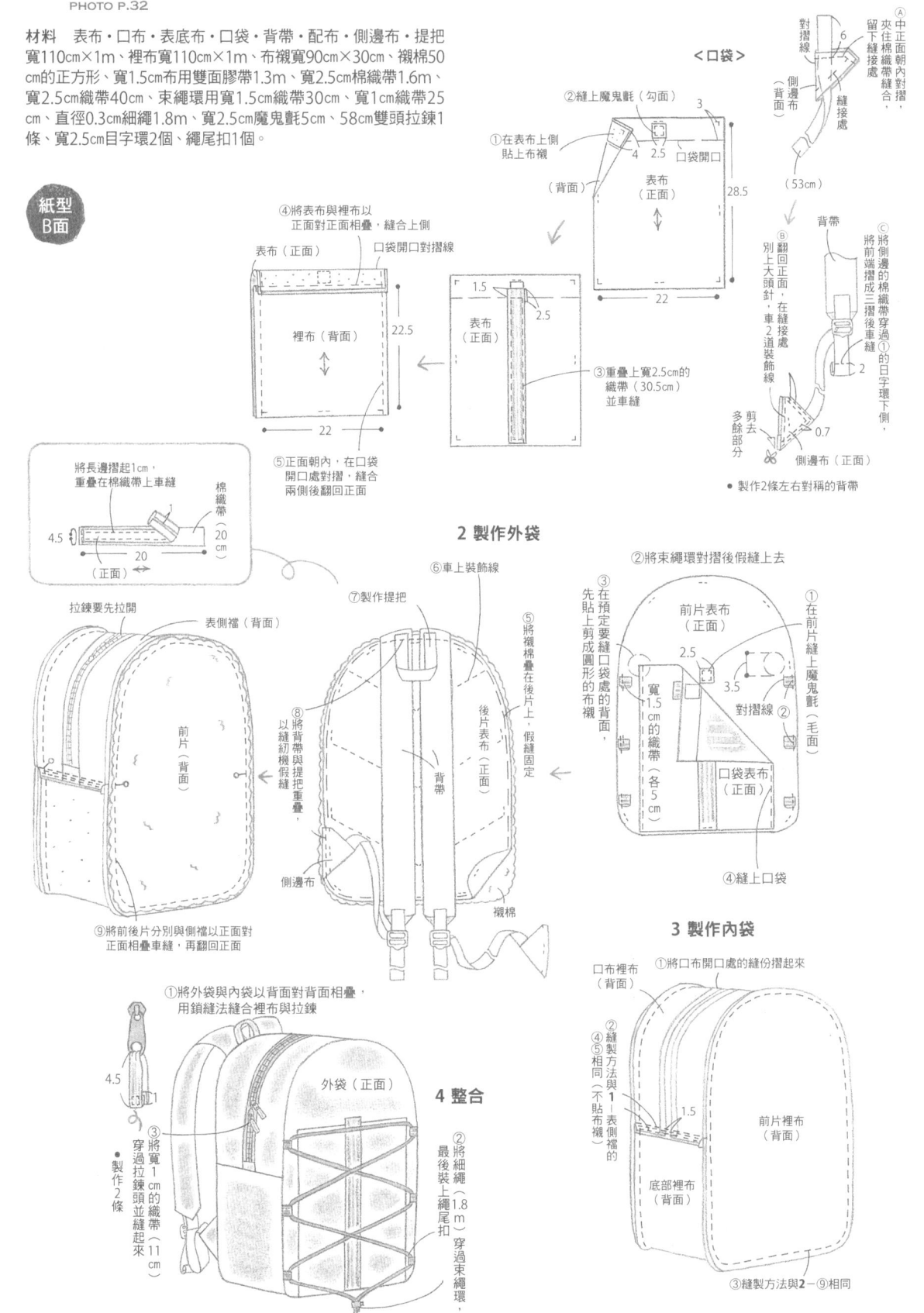

紙型
B面

67

☆除了指定的部分，縫份皆為1cm

1 製作各部分

<前面外側口袋>

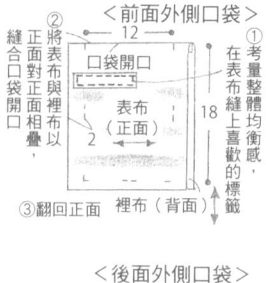

②將表布與裡布以正面對正面疊合，縫合口袋開口

①在表布縫上喜歡的標籤，考量整體均衡感

12

口袋開口

表布（正面）

2

18

裡布（背面）

③翻回正面

標籤

<後面外側口袋>

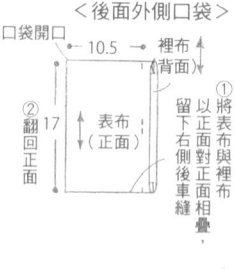

口袋開口

10.5

裡布（背面）

②翻回正面

表布（正面）

①以將表布與裡布正面對正面疊合，留下右側後車縫

17

<側邊外側口袋>

14.5

口袋開口

返口 5

表布（正面）

裡布（正面）

17

①留下返口，將表布與裡布正面對正面疊合後車縫

②翻回正面，整理形狀

<提把>

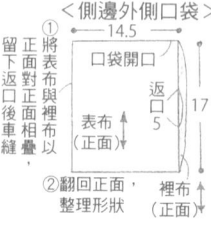

95

4.5

裡布（背面）

表布（正面）

●製作2條 將表布與裡布長邊的縫份摺起來，以背面對背面相疊後車縫

---

08 附掛頸帶的置物套夾
PHOTO P.15

紙型 A面

材料 外層20×15cm、內層20×15cm、內側口袋用塑膠片20×10cm、寬2cm合成皮飾帶15cm、寬0.8cm合成皮飾帶25cm、寬1.6cm兩側內摺式斜紋布帶70cm、寬1.5cm織帶85cm、寬1.5cm水滴形鉤環2個、寬1cm水滴形鉤環2個、直徑1cm按釦1組、直徑0.5cm鉚釘2組、小飾品、標籤3張、厚紙20×15cm。

1 製作各部分
☆除了指定的部分，皆不加縫份

<布耳A與B>

①將寬2cm合成皮飾帶的一端剪成圓弧形

8

A（正面）

1

②在背面縫上按釦（凹釦）

※布耳B是以寬2cm合成皮飾帶（3cm）用與①相同的作法製作，並在正面縫上按釦（凸釦）

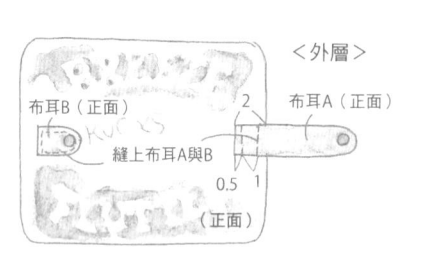

<外層>

布耳B（正面）

2

布耳A（正面）

縫上布耳A與B

0.5

1

（正面）

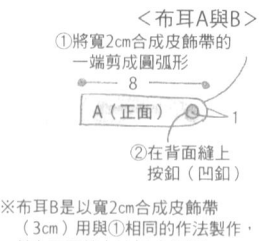

斜紋布帶（正面）

口袋（背面）

斜紋布帶（背面）

0.8

口袋（背面）

Ⓑ包起布邊車縫

Ⓐ以正面對正面相疊車縫

<內側口袋>

斜紋布帶（正面）

0.8

口袋開口

（正面）

口袋開口用斜紋布帶包邊

2 整合

①考量整體均衡感，在內層縫上標籤

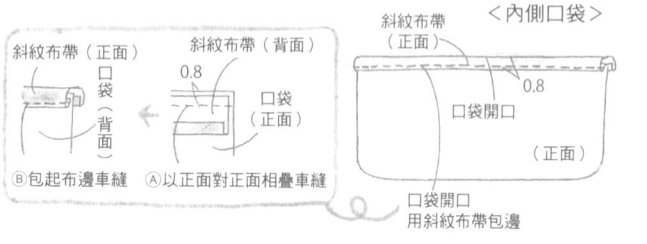

內層（正面）

內側口袋（正面）

②重疊上內側口袋，在中央車縫分隔的裝飾線

↓

③將外層與內層以背面對背面相疊，中間夾著摺出摺痕的厚紙，再假縫周圍

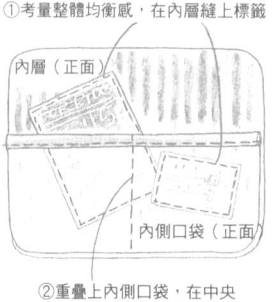

0.3

厚紙

內層（正面）

寬1.5cm水滴形鉤環

小飾品

外層（背面）

0.3

④將織帶（6cm）穿過水滴形鉤環後對摺，縫上小飾品後假縫在上側中央

⑦將織帶（85cm）穿過水滴形鉤環後縫好，用標籤包住

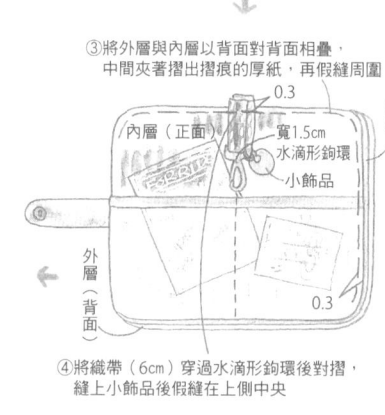

標籤

2

1

水滴1.5cm形鉤環

⑥將寬0.8（22cm）的合成皮飾帶穿過水滴形鉤環，以鉚釘固定

4

2

1.5

外層（正面）

水滴1cm形鉤環

0.8

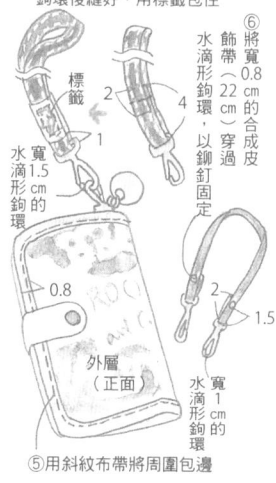

⑤用斜紋布帶將周圍包邊

28 野餐袋
PHOTO P30

材料 前後片表布・提把表布・側邊外側口袋表布・後面外側口袋表布・面紙袋裡布寬110cm×70cm、掀蓋表布・前面外側口袋表布・面紙袋表布・掀蓋口袋50×55cm、底部表布・提把裡布用舖棉布寬110cm×60cm、裡布90cm的正方形、布襯55cm的正方形、直徑2.5cm圓環2個、直徑0.5cm雞眼釦2組、直徑0.9cm按釦1組、直徑0.4cm鉚釘3組、標籤1張、25號刺繡線。

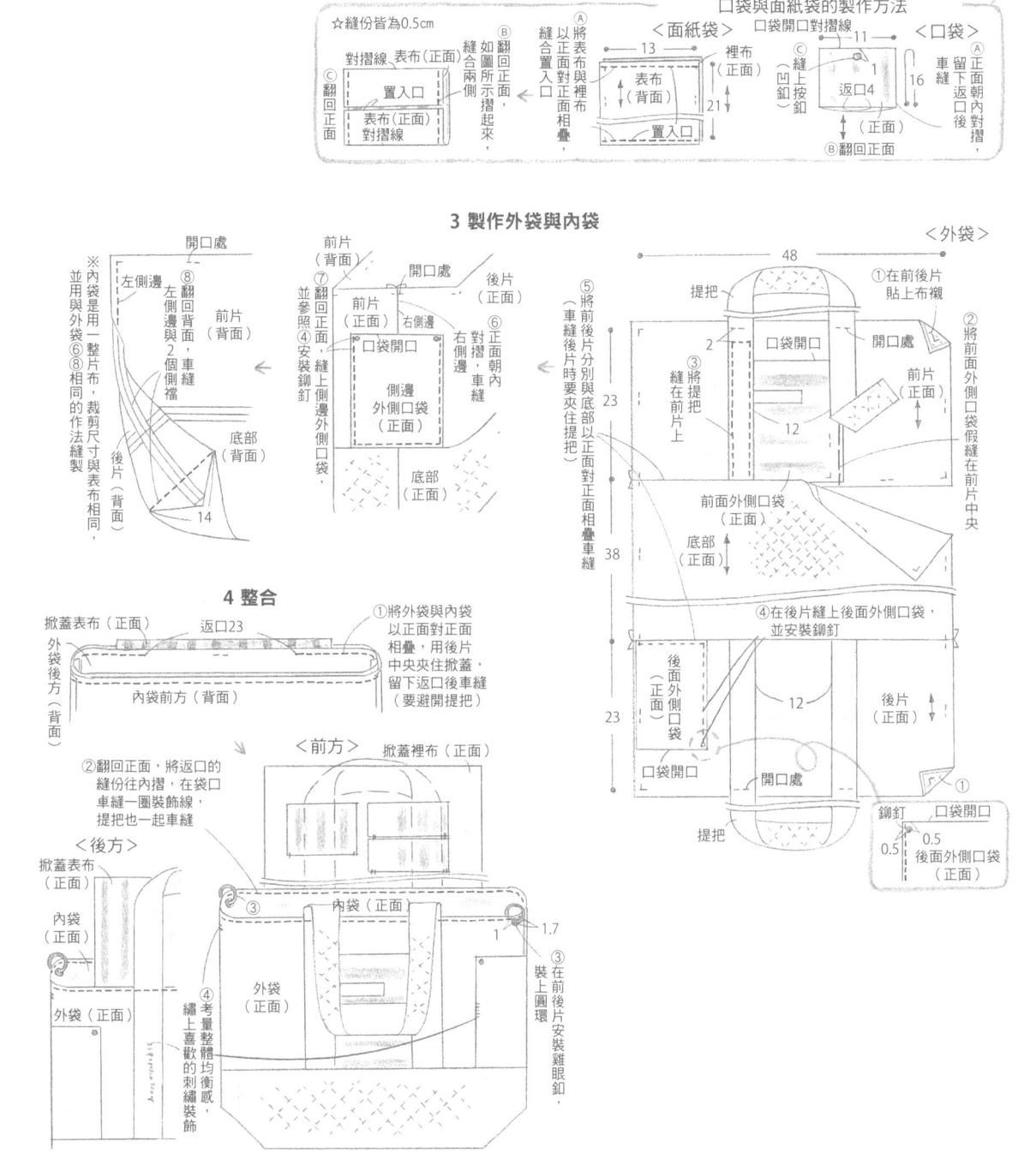

2 製作掀蓋

表布（背面）
面紙袋
縫接處
口袋開口
裡布（正面）
口袋
①製作口袋與面紙袋，縫在裡布上
②將按釦（凸扣）縫在裡布上
④將表布與裡布正面對正面相疊，留下正面對正面相疊，留下縫接處後車縫，翻回正面
23
1.5 5.5 3.5
③考量整體均衡感，依喜好車上裝飾線

口袋與面紙袋的製作方法
口袋開口對摺線

☆縫份皆為0.5cm

＜面紙袋＞
13
裡布（正面）
表布（背面）
置入口
21
B翻回正面
A將表布與裡布正面對正面相疊，縫合置入口
C縫如圖所示摺起來
對摺線 表布（正面）
C翻回正面
置入口
表布（正面）對摺線
翻回正面
縫合兩側

＜口袋＞
11
車縫
1
返口4
（正面）
16
A正面朝內對摺，留下返口後車縫
C縫上按釦（凹）釦
B翻回正面

3 製作外袋與內袋

＜外袋＞
48
提把
2
12
23
前片（正面）
①在前後片貼上布襯
②將前面外側口袋假縫在前片中央
口袋開口
開口處
③將提把縫在前片上
前面外側口袋（正面）
38
底部（正面）
④在後片縫上後面外側口袋，並安裝鉚釘
後面外側口袋（正面）
12
後片（正面）
23
口袋開口
開口處
提把
①
鉚釘 口袋開口
0.5 0.5
後面外側口袋（正面）

⑤將前後片分別與底部以正面對正面相疊車縫（車縫後片時要夾住提把）

開口處
左側邊
前片（背面）
⑧翻回背面，左側邊與2個側縫摺
底部（背面）
後片（背面）
14
※內袋是用一整片布，裁剪尺寸與表布相同，並用與外袋⑥⑧相同的作法縫製

前片（背面）
開口處
前片（正面）
口袋開口
⑦翻回正面，參照④安裝鉚釘
側邊外側口袋（正面）
底部（正面）
後片（正面）
右側邊
⑥正面朝內對摺，車縫右側邊、縫上側邊外側口袋

4 整合

掀蓋表布（正面）
返口23
外袋後方（背面）
內袋前方（背面）
①將外袋與內袋以正面對正面相疊，用後片中央夾住掀蓋，留下返口後車縫（要避開提把）

②翻回正面，將返口的縫份往內摺，在袋口車縫一圈裝飾線，提把也一起車縫

＜前方＞
掀蓋裡布（正面）

＜後方＞
掀蓋表布（正面）
內袋（正面）
外袋（正面）
③
1 1.7
內袋（正面）
③在前後片安裝雞眼釦，裝上圓環
外袋（正面）
④考量整體均衡感，繡上喜歡的刺繡裝飾

32 海軍條紋後背包

PHOTO P.33

材料 表布a寬110cm×80cm、表布b75cm×20cm、表布c75cm×20cm、寬1.5cm皮織帶25cm、直徑0.8cm棉繩1m、內徑1cm雞眼釦8組、直徑0.5cm鉚釘5組、寬5cm方形環1個、寬5cm日字環1個。

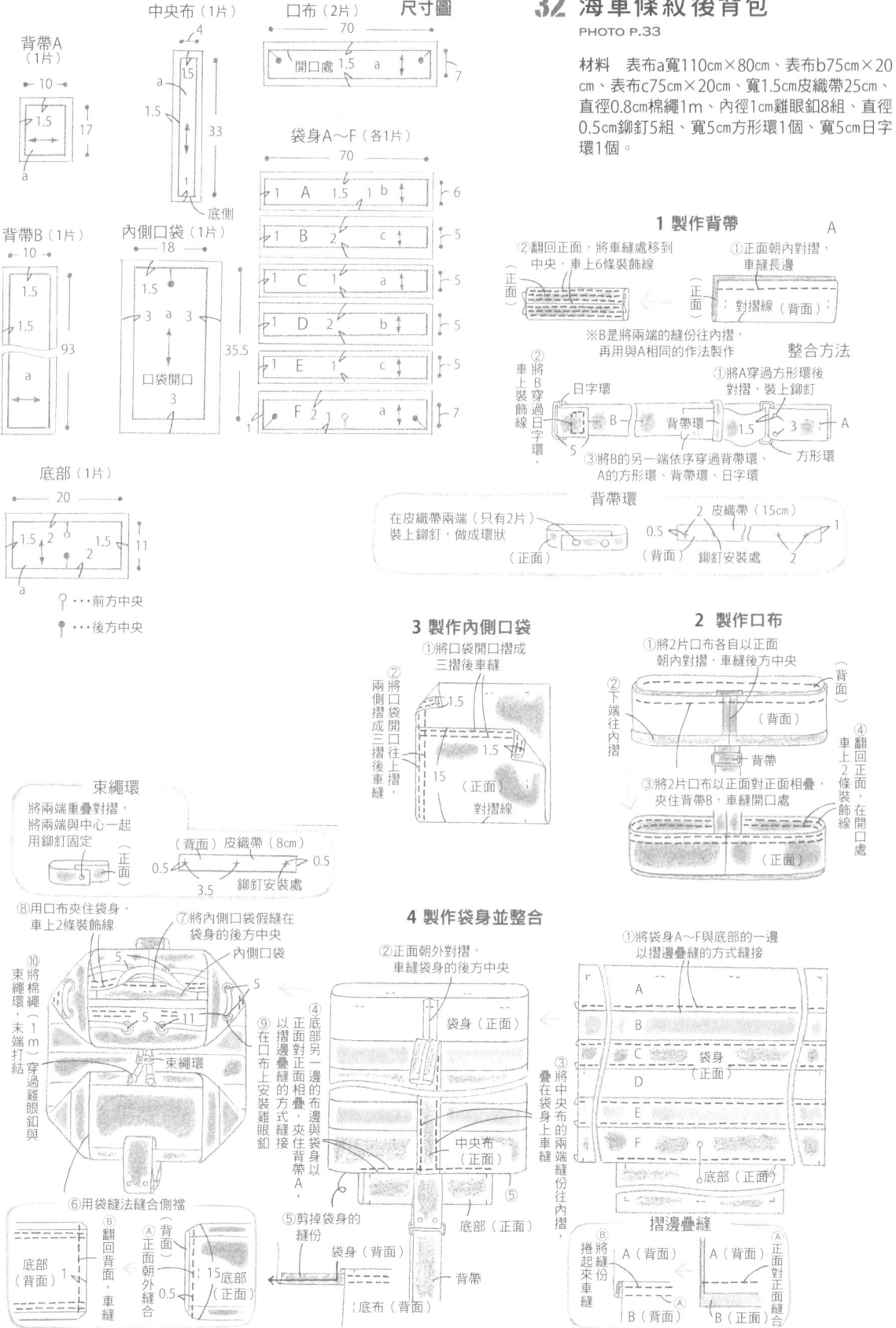

背帶A（1片）

口布（2片）

中央布（1片）

尺寸圖

背帶B（1片）

內側口袋（1片）

袋身A〜F（各1片）

底部（1片）

1 製作背帶

2 製作口布

3 製作內側口袋

4 製作袋身並整合

摺邊疊縫

33 背包形狀的小袋子

PHOTO P.34

☆除了指定的部分，縫份皆為1cm

材料 表布35×40cm、側邊口袋・背帶20×30cm、裡布・內側口袋35×50cm、外側口袋用皮革10cm的正方形、襯棉35×40cm、寬2cm杉綾織帶50cm、寬2cm織帶10cm、20cm拉鍊1條、標籤1張。

紙型B面

1 製作各部分

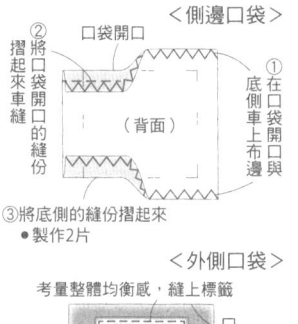

＜側邊口袋＞

②將口袋開口摺起來車縫
口袋開口
摺起來車縫
將口袋開口的縫份
①在口袋開口與底側車上布邊
（背面）
底側的縫份
③將底側的縫份摺起來
●製作2片

＜外側口袋＞

考量整體均衡感，縫上標籤
不加縫份
（正面）
口袋開口

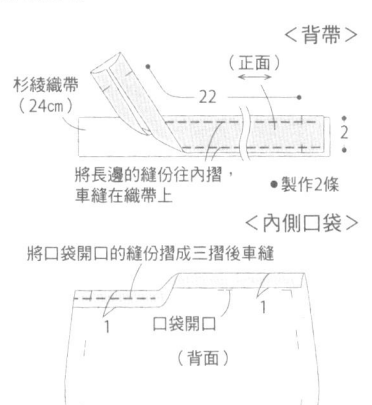

＜背帶＞

杉綾織帶（24cm）
（正面）
22
2
將長邊的縫份往內摺，車縫在織帶上
●製作2條

＜內側口袋＞

將口袋開口的縫份摺成三摺後車縫
1 口袋開口 1
（背面）

2 製作側襠

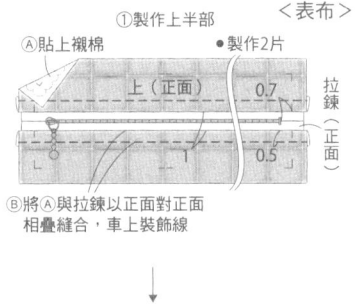

＜表布＞

①製作上半部
Ⓐ貼上襯棉
●製作2片
上（正面） 0.7
拉鍊（正面）
0.5
Ⓑ將Ⓐ與拉鍊以正面對正面相疊縫合，車上裝飾線

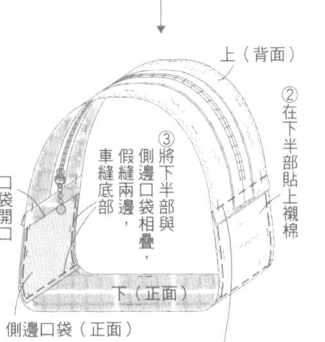

上（背面）
②在下半部貼上襯棉
③將下半部與側邊口袋假縫兩邊，車縫底部
口袋開口
下（正面）
側邊口袋（正面）
④將①與③以正面對正面相疊車縫

※上半部的裡布開口處縫份要往內摺1cm，以④的作法縫製（沒有襯棉與側邊口袋）

3 製作外袋與內袋

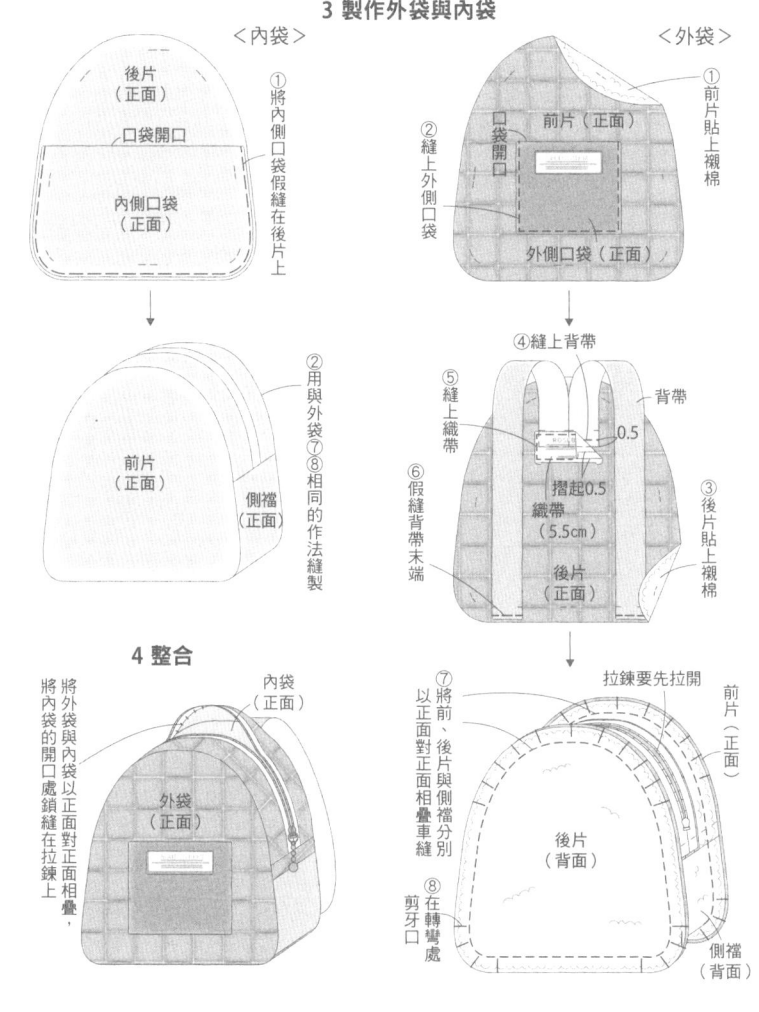

＜內袋＞
後片（正面）
口袋開口
內側口袋（正面）
①將內側口袋假縫在後片上
前片（正面）
②用與外袋⑦⑧相同的作法縫製
側襠（正面）

＜外袋＞
②縫上外側口袋
①前片貼上襯棉
前片（正面）
口袋開口
外側口袋（正面）
④縫上背帶
⑤縫上織帶
0.5
摺起0.5織帶（5.5cm）
⑥假縫背帶末端
背帶
後片貼上襯棉
③後片（正面）

4 整合

內袋（正面）
①將外袋與內袋以正面對正面相疊，將內袋的開口處鎖縫在拉鍊上
外袋（正面）
拉鍊要先拉開
前片（正面）
⑦將前、後片與側襠分別以正面對正面相疊車縫
後片（背面）
⑧在轉彎處剪牙口
側襠（背面）

27 就診小包包

PHOTO P.29

材料　表布a35×45cm、表布b・內側口袋・筆插用防水布30×25cm、裡布30×25cm、寬1.5cm皮織帶30cm、直徑0.7cm鉚釘4組、直徑0.4cm鉚釘4組、附按釦的布耳1組、皮革標籤1張。

☆除了指定的部分，縫份皆為1cm

1 製作各部分

＜內側口袋＞

①將口袋開口的縫份摺起來車縫
17
0.7
口袋開口
（背面）
7
0.7
底側
②將底側的縫份摺起來

＜筆插＞

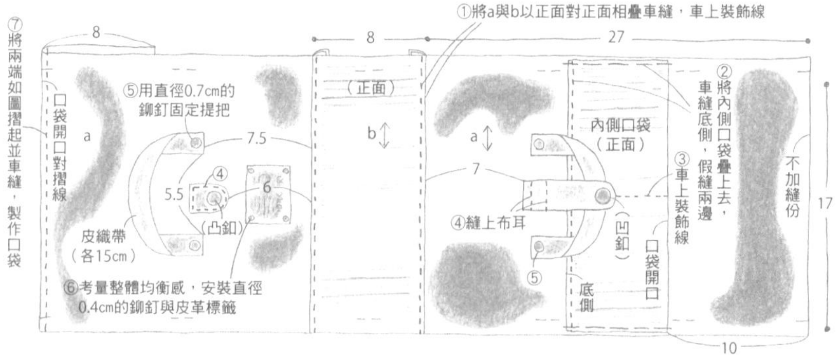

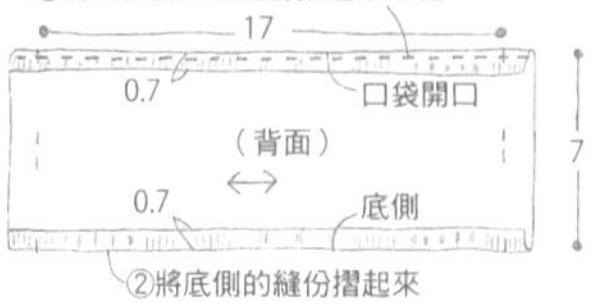

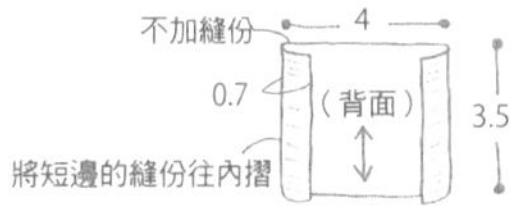

不加縫份
4
0.7
（背面）
3.5
將短邊的縫份往內摺

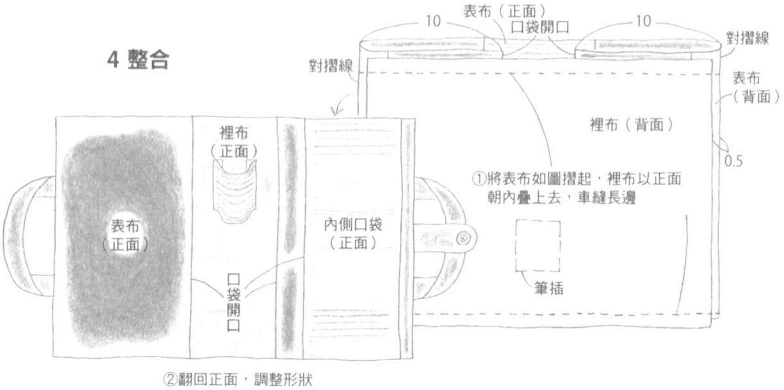

3 製作表布

①將a與b以正面對正面相疊車縫，車上裝飾線
⑦將兩端如圖摺起並車縫，製作口袋
8
8
27
口袋開口對摺線
⑤用直徑0.7cm的鉚釘固定提把
a
7.5
5.5
④
6
（凸釦）
皮織帶（各15cm）
⑥考量整體均衡感，安裝直徑0.4cm的鉚釘與皮革標籤
（正面）
b
a
7
④縫上布耳
⑤
內側口袋（正面）
（凹釦）
底側
口袋開口
②將內側口袋疊上去，車縫底側，假縫兩邊
③車上裝飾線
不加縫份
17
10

4 整合

表布（正面）
10
口袋開口
10
對摺線
對摺線
表布（背面）
裡布（背面）
0.5
①將表布如圖摺起，裡布以正面朝內疊上去，車縫長邊
筆插
裡布（正面）
表布（正面）
內側口袋（正面）
口袋開口
②翻回正面，調整形狀

2 製作裡布

25
3
3
不加縫份
（正面）
17
將筆插縫在中央

---

34 細長筆袋

PHOTO P.34

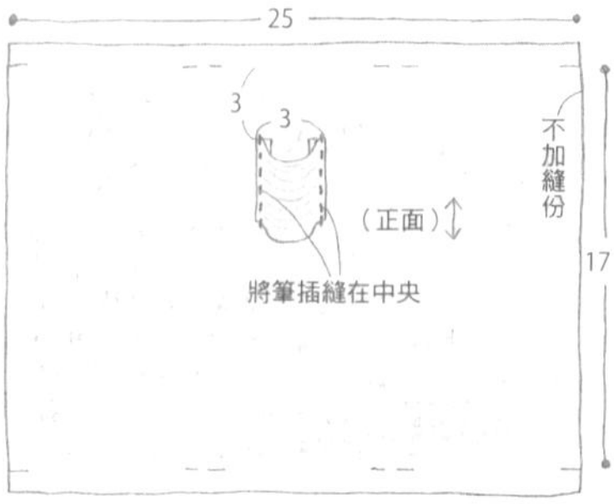

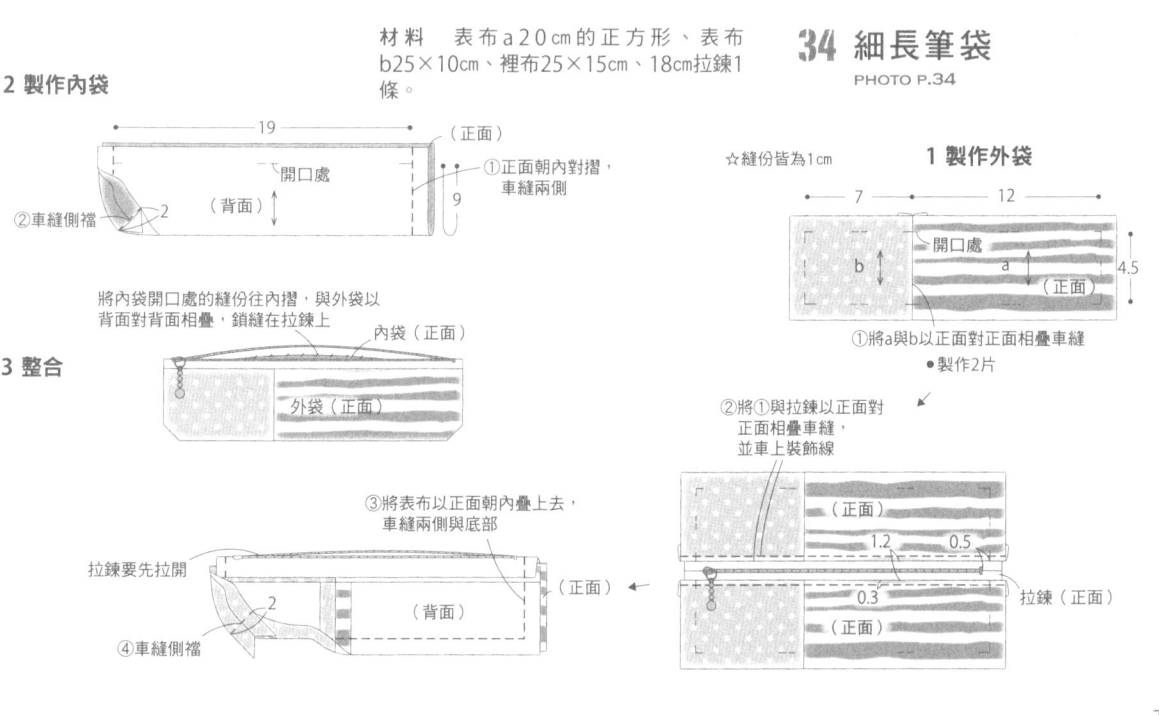

材料　表布a20cm的正方形、表布b25×10cm、裡布25×15cm、18cm拉鍊1條。

☆縫份皆為1cm

1 製作外袋

7
12
開口處
b
a
4.5
（正面）
①將a與b以正面對正面相疊車縫
●製作2片

②將①與拉鍊以正面對正面相疊車縫，並車上裝飾線
（正面）
1.2
0.5
0.3
拉鍊（正面）
（正面）

2 製作內袋

19
（正面）
開口處
①正面朝內對摺，車縫兩側
（背面）
9
②車縫側襠
2

3 整合

將內袋開口處的縫份往內摺，與外袋以背面對背面相疊，鎖縫在拉鍊上
內袋（正面）
外袋（正面）

③將表布以正面朝內疊上去，車縫兩側與底部
拉鍊要先拉開
2
（背面）
（正面）
④車縫側襠

協力店家LIST（依日文50音順）

清原　http://www.kiyohara.co.jp/hobby/

銀河工房　https://www.rakuten.co.jp/simuraginga/

Clover　http://www.clover.co.jp/

日本紐釦貿易　http://www.nippon-chuko.co.jp/

NESSHOME　http://store.shopping.yahoo.co.jp/nesshome/

FUJIX　http://www.fjx.co.jp

Lecien　https://e-shop.lecien.co.jp/catalog/category/2/

攝影CREDIT

P.04右：
標誌印刷圖案布料（Pick a new hobby大亞麻加工布・ja01ns24918）／NESSHOME

P.04左：
仿舊丹寧布（AD26000-266）、條紋布（1015-2B）、
金屬裝飾釦（SGM-CON 273）、真牛皮細繩（A3MM-2-20M）／皆為日本紐釦貿易

P.05右：
迷彩布（M Standard・40681-60）／Lecien

P.05左：
8號帆布（059深紫）、（065青色）／皆為銀河工房

P.10：
8號帆布（手工系列　仿舊款式・芥末黃）／清原

P.11：
附兩個水滴形鉤環的真皮背帶（MAW5-406）／日本紐釦貿易

P.14：
牛仔褲裝飾線（FK52-224）／日本紐釦貿易

P.19：
迷彩布（M Standard・40681-80）／Lecien

P.20：
夾式橢圓形提把（SGM200-260CA）／日本紐釦貿易

P.23下：
迷彩布（M Standard・40681-60）／Lecien

P.29上：
迷彩拉鍊（5CN20-MGMIX）／日本紐釦貿易

日文版STAFF

採訪・構成　伊藤洋美

設計　靜谷美佐樹（Shizuya* Graphic Design）

攝影　安田仁志
造型　三谷亞利咲
製作過程攝影　鑫和田良弘（主婦與生活社相片編輯室）

做法解說・紙型複寫　今 壽子
插畫　白井麻衣
紙型配置　仲條詩步子

校閱　滄流社
責任編輯　石田由美　黑田可菜

特別感謝／
《COTTON TIME》雜誌的各位讀者、
攝影師、文字作者、造型師、製圖、插畫家

*本書嚴選《COTTON TIME》第92～128期中刊登的作品，加上重新採訪後編輯而成。作品資訊以採訪當時為主，日後可能出現變動的情況，敬請見諒。

MEN'S LIKE NA BAG & POUCH
© SHUFU TO SEIKATSU SHA CO., LTD. 2017
Originally published in Japan in 2017 by SHUFU TO SEIKATSU SHA CO., LTD.
Chinese translation rights arranged through TOHAN CORPORATION, TOKYO.

實用又帥氣！男孩風手作布包

2018年5月1日初版第一刷發行

編　　者	主婦與生活社
譯　　者	梅應琪
編　　輯	劉晧如、魏紫庭
特約美編	鄭佳容
發 行 人	齋木祥行
發 行 所	台灣東販股份有限公司
	＜地址＞台北市南京東路4段130號2F-1
	＜電話＞(02)2577-8878
	＜傳真＞(02)2577-8896
	＜網址＞http://www.tohan.com.tw
郵撥帳號	1405049-4
法律顧問	蕭雄淋律師
總 經 銷	聯合發行股份有限公司
	＜電話＞(02)2917-8022
香港總代理	萬里機構出版有限公司
	＜電話＞2564-7511
	＜傳真＞2565-5539

TOHAN

著作權所有・禁止翻印轉載。
購買本書者，如遇缺頁或裝訂錯誤，
請寄回調換（海外地區除外）。
Printed in Taiwan.

國家圖書館出版品預行編目資料

實用又帥氣！：男孩風手作布包 / 主婦與
生活社 編；梅應琪譯. -- 初版. -- 臺北
市：臺灣東販, 2018.05
　72 面；18.2×25.7 公分
　譯自：メンズライクなバッグ＆ポーチ
　ISBN 978-986-475-658-2(平裝)

1.手提袋 2.手工藝

426.7　　　　　　　　　　107004923

*請勿複製、散布、販售本書中介紹的作品。